世界如此残酷
我们要内心强大

马银文◎编著

台海出版社

图书在版编目（CIP）数据

世界如此残酷 我们要内心强大 / 马银文编著. —北京：台海出版社，2012.5
ISBN 978-7-80141-994-1

Ⅰ. ①世… Ⅱ. ①马… Ⅲ. ①人生哲学－通俗读物
Ⅳ. ①B821-49

中国版本图书馆CIP数据核字（2012）第101351号

世界如此残酷 我们要内心强大

编　　著：马银文

责任编辑：王　艳　　　　装帧设计：昇昇封面创意设计室
版式设计：姬刚成　　　　责任印制：蔡　旭

出版发行：台海出版社
地　　址：北京市景山东街20号，邮政编码：100009
电　　话：010－64041652（发行，邮购）
传　　真：010－84045799（总编室）
网　　址：http://www.taimeng.org.cn/thcbs/default.htm
E-mail：thcbs@126.com

经　销：全国各地新华书店
印　刷：三河市灵山装订厂
本书如有破损、缺页、装订错误，请与本社联系调换

开　本：710×1000　　1/16
字　数：220千字　　　　　　印　张：19
版　次：2012年7月第1版　　印　次：2012年7月第1次印刷
书　号：ISBN 978-7-80141-994-1
定　价：32.00元

版权所有　翻印必究

前 言

你是不是曾经因为遭遇不公平对待而气愤不已？你是不是曾经因为一些不可理喻的事情而暴跳如雷？你是不是曾经因为不够自信而导致事情一败涂地？你是不是曾经因为生活中的一点儿小事而闷闷不乐？

大千世界，芸芸众生，谁都不免会受伤害，因为人生没有绝对的公平，只是相对公平的。当在一个天平秤上，你得到的越多，也必须比别人承受得更多。同样的伤害，区别在于，内心强大的人更懂得安慰自己，并总是对未来充满希望。

其实，在人生的任何时候都不要怕从头再来，每一个看似低的起点，都是通往更高峰的必经之路。人人都有他的难处，何必强求于人。痛苦与快乐不在于外在物质的有无，而在自己心境的修养。无论做什么，记得是为自己而做，那就毫无怨言。面对困境，也不要悲观厌世。我们也许会暂时变得一无所有。空空的手心并不意味着空空的内心。卷土重来的英雄故事我们听得太多了。一切只关乎内心的强大。我们可以苦闷、可以失落，但是不可以内心空虚。必须明白，环境是什么并不重要，记得让自己的内心强大起来。让自己更平和一点，更豁达一点，对于身边的过错更宽容一点。

内心的强大，才可能让我们的生活是丰实而非空洞的；生活的丰实，才可能让我们的人生是精彩而非轻佻的。内心的强大是帮助你积聚来自外界的能量的前提。试问，一个内心空虚之物的人，如何凝聚力量来实现自

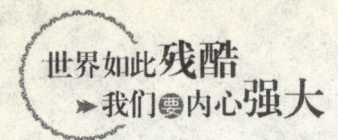

己的愿望？

内心强大是心中的安定与平静。强大，不是霸道，不是要将别人的所有占为己有，恰恰相反，内心的强大带给我们的是宽容和谦让。正是因为内心的安定与平静，我们才明白自己真正需要什么，才明白如何才能得到快乐。

内心的强大，是不纠缠、不羁绊的状态。所谓"心轻上天堂"，就是说无牵无挂、不计较、不被琐事烦扰的心灵才可以接近天堂。

内心的强大，是对未来充满希望。当我们内心强大到可以战胜一切恐惧与悲观的时候，其实已经无所谓希望了，因为我们在哪儿，希望就在哪儿。

内心的强大，是人生目标的清晰。因为清晰，所以我们可以坚定地走下去；因为清晰，我们才不会跌跌撞撞却不知身在何方；因为清晰，我们才可以知道什么是对的，什么是错的。

内心强大的人不失眠，不焦虑，不急躁，随时随地作人生中最坏的打算，往最好处追求。一切灾难与痛苦，都早在他的生命中思量过了，甚至丰富真切地体验过了。所以，不管做任何事，记住，先建设一个强大的内心。

作者

2012年2月

目 录

第一章　战胜自己，我们要强大起来

　　人的一生，是风风雨雨、坎坎坷坷的一生，遭遇过无数的对手和敌人，但最强大的敌人并不是外部的，而是我们自己！正如哲人罗兰所说："最强的对手，不一定是别人，而可能是我们自己！在战胜别人之前，先得战胜自己。"

◎要取得人生成功，首先要战胜自己 / 3
◎人生最大的悲哀是找不到自己的"富矿区" / 6
◎走你自己的路，让别人去说吧 / 11
◎彻底治愈"萎靡不振"的毛病 / 16
◎幸福，就在辛勤的汗水里 / 19
◎不能只从问题的直观角度去思考 / 23
◎只要有变化，任何人都有机会 / 27

第二章　有了自信，内心不再弱小

　　一个人要想得到胜利女神的眷顾，首先就得向她展现你无比强大的内心。自信，就是你迎接成功的最佳方式。要敢于对自己说："我行！我坚信自己！我是一个内心强大的人！"

◎为我们的前程点亮一盏成功的心灯 / 33
◎有自信，才会有成功 / 37

◎长期处于自卑中是一场灾难 / 41

◎自信，能够唤醒我们沉睡的潜能 / 45

◎让自己瞬间自强起来 / 48

◎你就是你自己，无须效仿他人 / 51

◎勇敢地驶向成功的彼岸 / 55

◎跌倒了再爬起来 / 57

◎放弃了信心，就等于放下了手中的武器 / 61

第三章　目标远大，内心才更强大

　　有明确目标的人内心更强大，行动起来更有力量，成功的希望也更大。鼠目寸光是不行的，不能看见树叶就忽略了整片森林。辛勤的工作和一颗善良的心，尚不足以使一个人获得成功，因为，如果一个人并未在他心中确定他所希望的明确目标，那么，他又怎能知道他已经获得了成功呢？

◎一个好猎手的眼中只有猎物 / 67

◎确定了人生目标后，要做的就是专注 / 72

◎有了榜样，努力就能做到最好 / 75

◎勇于做些没把握的事，是我们明智的选择 / 78

◎目标要一个一个地实现 / 81

◎坚持让自己每天都走出小小的一步 / 84

◎一个有明确目标的人，生活会更有激情 / 87

◎没有最好的，只有最适合的 / 90

◎人一定要有进取心 / 94

◎给自己制定一个切实可行的目标 / 96

◎要想成功，不能没有远见 / 99

◎人的一生需要一个整体规划 / 103

第四章 提升自我,增强内心底气

做人不要满足于现在。好还要求更好,时时努力超越自己,增强自己的底气,创造一个内心更加强大的自己。做人不创新、不前进、不长大、不发展,只有"死路一条"!所以,要时刻记着:提升自己,尽量让自己更强大!

◎知识多了路好走 / 109

◎在相同的时间做出不同的事 / 113

◎只有终身学习,才能适应社会发展 / 119

◎一个优秀的人不会放过任何一次学习机会 / 123

◎干什么事都要精通,成为行家 / 127

◎书,既是我们的益友,也是我们的良医 / 130

◎"充电"是防止能力"折旧"的最有效办法 / 137

◎让自己变得不可替代 / 141

◎投入到读书中去,让我们在学习中成长 / 145

第五章 胆有多大,内心就有多强大

俗话说"不入虎穴,焉得虎子"。人生就是一场博弈,敢冒风险的人,才能在事业上取得最大成功。胆量有多大,内心就有多强大。只要敢闯敢拼,敢于吃苦,就能增加自己成功的筹码。

◎人生应该思考,但绝不该犹豫 / 151

◎抢先下手是成功人生的第一课 / 155

◎敢于尝试,是成功的第一步 / 158

◎梦想能否实现,关键还在于勇气 / 162

◎做一个勇敢的人 / 165

◎不冒风险是最大的危险 / 168

◎让自己的胆子大一些 / 172
◎要想成功，你就要敢于冒险 / 175
◎人有多大胆，地有多大产 / 179
◎该断就断，绝不犹豫 / 183

第六章　坚持到底，让内心永远强大

我们每个人在向梦想前进时，都是非常艰难的，但在面对挫折与困境时，我们只有坚持下去，才能有所突破。命运全在搏击，坚持就是希望。对于内心强大的人，只要咬紧牙关，面对任何困难哪怕是死神，都不会退缩。

◎敢于坚持，就能够胜利 / 189
◎在绝境中，我们还有生存的机会 / 191
◎成功偏爱执著的追求者 / 193
◎坚持就是希望 / 197
◎成功属于禁得起困难洗礼的人 / 200
◎坚韧是解决一切困难的钥匙 / 203
◎最好的总会到来 / 206
◎挫折只是人生中的一道小坎儿 / 210
◎最后的笑声才是最甜的 / 213
◎下一步就是成功 / 216
◎在被击倒的地方重新爬起来 / 219

第七章　保持本色，做强大自我的主人

有人说过，人生就是一场戏，我们都是戏中的一个过客，在这短暂的舞台上扮演着自己的角色，可能有时候会身不由己，但只要我们做到最本我、最真实，就会发现，我们虽然带着脸谱，但绝对是最美丽的！

◎过自己想要的生活 / 225

◎给自己一个准确的定位 / 228

◎别人看得起自己，不如自己看得起自己 / 231

◎人不可能十全十美 / 234

◎运行在自己的轨道上 / 237

◎认清自己胜过崇拜他人 / 241

◎从现在开始，做自己想做的人 / 246

◎别让贪婪腐蚀了自己的心灵 / 250

◎只要做你自己，你便是快乐的 / 253

◎潇洒地做自己 / 256

第八章　宽容忍让，内心的安定也是一种强大

　　内心强大是心中的安定与平静。强大，不是霸道，不是要将别人的所有占为己有，恰恰相反，内心的强大带给我们的是宽容和谦让。正是因为内心的安定与平静，我们才明白自己真正需要什么，才明白如何得到快乐。

◎原谅别人就是善待自己 / 261

◎不与人斤斤计较 / 264

◎若要好，大让小 / 268

◎吃亏是一种福气 / 271

◎每个人都有需要别人原谅的时候 / 275

◎吃小亏占大便宜 / 278

◎成全别人的好胜心 / 282

◎"巧诈"不如"拙诚" / 286

◎要想抬头，必须懂得先要低头 / 289

第一章

战胜自己，我们要强大起来

人的一生，是风风雨雨，坎坎坷坷的一生，遭遇过无数的对手和敌人，但最强大的敌人并不是外部的，而是我们自己！正如哲人罗兰所说：「最强的对手，不一定是别人，而可能是我们自己！在战胜别人之前，先得战胜自己。」

要取得人生成功,首先要战胜自己

人的生命中都存在着六种恐惧,这就是:害怕贫穷、害怕批评、害怕不健康、害怕失去某人的爱、害怕年老和害怕死亡。正是这种生存的本能使人的智慧受到一定的限制,形成了人自身的弱点。只有认识到这种弱点,并且战胜种种弱点,人才能够走向成功。

这种恐惧麻痹了一个人的推理能力和想象力,使人不能自立自足,瓦解了活力,扼杀了动机,导向了漫无目标;它鼓励人再三拖延,令人不能自制;它使得人性格无趣,甚至摧毁人精确思考的能力,分散心力;它打败恒心毅力,化意志力为一无所有;它扼杀情爱,刺伤心灵上细腻的情感……

战胜自己,走出困境,不是靠上天的恩赐,而是以百倍的勇气去博取自己的好运,"置之死地而后生"、"两军相逢勇者胜"就是一种气概,就是敢于竞争的精神,就是勇气。人类如此,所有动物皆如此。鸟类,因为飞翔才得以生存;海豹,因为游泳才得以觅食。深海的鲨鱼与浅海的海豚,清楚地划分了自己的生存空间。这是生物存在的各得其所。

人类应该学会求生存的本领。人类生存的主要体现就是劳动。劳动开发了财富,劳动创造了价值,劳动的最大贡献就是"重新发现"。如果葡萄牙人、西班牙人、古希腊人,他们都只守在自己的家园里,那么,他们的国家绝对没有今天的辉煌,也绝对不会发现"好望角",也绝对不会发现澳洲肥沃的土地。如果说,爱迪生不发明电灯,瓦特不发明蒸汽机,那

么，我们的人类也可能还在黑暗中徘徊。

所谓"好望角"的人生理论，就是鼓励人们要勇于发现，勇于创造。没有发现，就没有世界，没有创造，就只能是动物的生活。我们常说，人要有点精神，要有点勇气。就是说人应该有一点发现和创造，敢于走前人没走过的路，敢于去干前人没干过的事。一个不敢冒险、墨守成规的民族，注定是没有前途的。

美国人最大的特征是求实与创新，他们敢于只身一人穿过亚马逊的密林，敢于只身一人渡大西洋，敢于只身一人穿越撒哈拉沙漠。不理解的人会说，他们是没事找事，说他们吃饱撑的没事干。实际上，这是不同民族的思维方式。仅就只身冒险的本身而言，就可以说是在锻炼人的勇气、决心和意志。不要小看勇气、决心和意志，这是任何事情成功的前提。

陀思妥耶夫斯基说："倘若你想征服全世界，你就得征服自己。"

但是自己是最难征服的。

罗曼·罗兰塑造的约翰·克利斯朵夫的形象为我们展示了一个人要战胜自己是一个艰难而痛苦的历程。

约翰·克利斯朵夫出生在一个贫民家庭，他要靠自己的奋斗获得人生成功，就得与社会斗、与自己斗。

藏在约翰·克利斯朵夫内心的敌人有两个：一是宗教意识，一是本能、欲望。前一个要他认命，后一个要他堕落。约翰·克利斯朵夫靠着顽强的意志与自己战斗，他决不认命，不甘于堕落，在那个污泥浊水的世界里始终保持纯洁的品性，战胜了自己身上人性的弱点，实现了自己的历史使命，在他临终时心灵达到高度和谐的境界：没有痛苦、没有恩怨，只有真正的快乐。

人们常说：英雄难过美人关。

其实，并不是美人打败了英雄，而是英雄打败了自己。

在物欲横流的社会里，很多人成了物质财富、金钱美女的俘虏，一生的努力毁于一旦，全是因为无法战胜自己内心的敌人——人性的弱点。那么，我们该如何战胜自己的弱点呢？

（1）树立成功的人生信念

要战胜人性的弱点必须树立成功的人生信念,这个信念必须坚定不移。很多人都想获得人生成功,但是又缺乏自信,因而这个信念并不坚定,稍遇风吹浪打,便自己动摇放弃了。只有坚定成功的人生信念才能与自己人性的弱点作斗争。

(2) 把社会的需要和自己的长处结合起来发展自己,战胜自己

很多人最后被自己打败是因为怀才不遇,自暴自弃。还有很多人失败是完全放弃了自己的特长兴趣而跟着社会跑,最后完全丧失了自己。只有把社会与个性特点结合起来发展,才能在顺境中克服自己人性的弱点。

(3) 要有顽强的意志

与自己斗争就是意志力的考验。人生并不总是顺境。对多数人,逆境会使他们自甘沉沦,只有少数具有顽强意志的人能够战胜自己的弱点,顶天立地,像腊梅一样在冰天雪地里傲然开放人生灿烂之花。

人性的弱点尽管很多,很强大,难于战胜,就像一张张蛛网束缚着我们,使人不知不觉陷入自己的败局,但只要我们能清醒地认识到这一点,不再怨天尤人,不再把自己的失败归于社会、归于家庭、归于他人,自我反省,从现在开始,重新做人,克服自身的弱点,那么,就完全可以开始成功人生。

记住,走向成功的最大敌人是你自己。要取得人生成功,首先要战胜自己。

内心强大的秘密

真正的成功,不在于战胜别人,而在于战胜自己。战胜自己才能激发生命的活力,无论是健全的身躯还是残缺的臂膀;无论是优越的条件,还是困窘的环境,我们都要战胜自己。

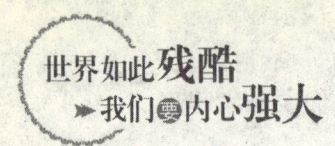

人生最大的悲哀是找不到自己的"富矿区"

一个人一生最大的幸运就是能寻找到自己人生的"富矿区"。找到"富矿区",你就成功了一半。

或许你还在学校里继续充实着自己,或许你的事业刚刚开始,或许你正在苦苦地寻找着、摸索着……

无论你现在正做着什么,对于事业刚刚起步或者将要起步的你,寻找到自己人生的"富矿区",对你的成功来说都是至关重要的。

造物主创造了人类,创造了我们每一个不同的自己,所以,我们每一个人的身体状况、智能结构、心理特点,以及我们的左右半脑的发达程度,都不完全相同。正如河滩上没有两块完全相同的石头一样,世界上也没有两个完全相同的人。所以,寻找自己,认识自己,是我们开始我们的事业之前,首先要做的一项重要工作。因为只有对自己能有一个清醒的认识,我们才能更好地塑造自己的人生。

事实上,敢于特立独行的人在我们周围少之又少。大多数人都只是人口统计中的普通样本而已,正是这些人组成了芸芸众生。

"走自己的路",意大利著名作家但丁说。这是对那些有依赖个性的人的警示。的确,依赖别人是人们普遍存在的一种坏习性。

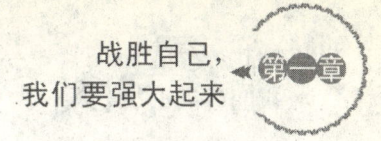
战胜自己，
我们要强大起来

事实上，在现实生活中，真正要保持一种心理独立是很难的。依赖这种不良心理会不时地以各种方式侵入你的生活，而且很多人从别人的依赖中可以得到好处，所以，要根除这一弊病就变得十分困难了。

这里所说的"心理独立"，是指一种完全不受任何强制性关系的束缚，完全没有他人控制的行为。这就意味着，如果不存在强制性关系，你就不必强迫自己去做本不愿意做的事。要做到这一点之所以很难，与社会环境教育我们不要辜负某些人，如父母、子女、上级或者爱人的期望等因素不无相关。

当然，个人独立并不代表发展成功，成功的人生还必须追求一种更加成功的人际关系。不过，人与人的相互依赖的关系必须以个人的真正独立为前提条件。要真正实现心理独立，就要尽可能摆脱心理上的依赖感，这就意味着你要根据自己的愿望独立生活。当然，这不是说断绝社会交往，如果你喜欢自己目前与人交往的方式，而它又没有妨碍你的生活，那就尽可能保持这种交往。

一个人，要真正实现心理独立，首先就得摆脱依赖他人的需要。这里讲的是"依赖的需要"，而不是指"与人交往"。一旦你觉得需要别人，你便成为一个脆弱的人，一种现代奴隶。这也就是说，如果你所需要的人离开了你、变了心或死去了，那么你必然会陷入惰性、精神崩溃甚至绝望至死。

成功的经验和失败的教训告诫我们，在心理上依赖父母、老师、上级等的人，或许总是在等待某些人来安抚。如果你觉得必须根据某人的意愿做某事，而且事后感到怨恨、不做又感到内疚的话，那么我们肯定地说，你必须千方百计走出这一误区。

一般人的另一个大的缺点是，如果他在某个方面不具备特别的天赋，他通常就认为不值得全力以赴。这其实也是整个人类的通病。

所以，不要因为你不是个天生的领导者，就认为自己是个天生的依赖者。事实上，没有杰出的领导天赋并不成其为理由，因为这一方面的能力我们完全可以慢慢培养。如果我们不对自己的能力进行考验，我们永远不会知道自己到底有多大的潜力。成功者的经历已经证明了这一点。

一个真正的成功者从来不会刻意地模仿别人，他们也不为大多数人的意见所左右，他们自己进行思考和创造。他们常常自己制定计划并付诸实施。

在我们周围的每个人几乎都依赖于某些东西或某个人。有些人靠他们的钱，有些人靠朋友，有些人靠衣装，有些人靠门第，有些人靠社会地位。但是，我们很少见到一个能完全靠自己的双脚堂堂正正地立身于社会的人，他靠自己的美德而生活，完全自立，果敢有为，依靠自己的力量去开创一份属于自己的天地，开创自己的一项事业。

这也就是我们强调寻找到自己人生"富矿区"的原因。那么该如何找到自己的"富矿区"呢？以下几点可能会对你有所帮助：

（1）认清自己的目标

人生目标是指你今生所要完成的任务。有人把这也比喻为人的灵性任务。所谓灵性任务就是你的一个特定的心灵成长的目标。我们的职业或者社会角色是我们完成任务所必需的道具，因此，我们的目标又和我们选择职业息息相关。

（2）回望人生变迁

所谓回望人生变迁就是那些让你的命运发生重大转变的事件，包括你如何选择中学、大学（或者高考落榜）；工作变迁；与亲人分离或失去亲人；结婚、离婚；意外事故；对你的思想、观念、信仰产生重大影响的人或事，等等。

（3）描绘心理蓝图

每个人的心灵成长都有其独特性，随着我们人生阅历的丰富，我们的心灵在不断地发生变化。

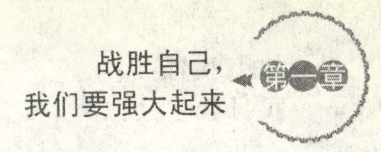

(4) 明确自己想要的东西

这是一个看似简单其实非常深刻的问题。你或许会得到许多答案,但只有一个答案能帮助你找到自己的目标。回忆一下自己从小到大,心里最想做的事情是什么,或者最大的愿望是什么。找到那些自己心里想去做的,但因为种种原因而不敢去做的事情,种种原因可能包括来自内心的各种恐惧:不自信(怕失败),怕别人嘲笑,怕自己异想天开,等等。

(4) 抓住机遇

机遇就是"信号",就是成功给你的间接答案。你可以在自己的梦里接收到信号,还可以在日常生活中接收到信号。所以要特别留意身边发生的事情,尤其是那些容易被忽略的小事情以及"奇怪现象",即那些不符合逻辑或自然规律的事件,在你需要作选择判断的时候,往往是这些小事情带给你暗示。按照这些信号顺藤摸瓜,你就会逐渐找到人生使命的答案。

找到了你人生的"富矿区",你就可以在那里扎根、发芽,直至长成一棵参天大树,就因为你热爱那片土地。

找到了你人生的"富矿区",你就可以在那里挖掘出无穷无尽的宝藏,为社会、为人类、也为你自己提供更多更好的物质或精神的产品。因为那里的矿藏,取之不尽,用之不竭。

找到了你人生的"富矿区",你就可以在那里最大限度地发挥你自己,你的才能、你的智慧、你的体能、你的潜力,在你自己的"富矿区"上,写一个大大的人,树立一个顶天立地的人的形象。

人生最大的悲哀就是一生也找不到自己,找不到自己人生的"富矿区"。越是贫瘠的土地上,越是容易生长出杂草。因而,找不到自己,找不到自己人生的"富矿区",是对生命的一种践踏,对生命的一种浪费。而对于那个拥有生命的人来说,这也是最残酷的事情!

所以,无论你现在从事着什么样的职业,或者学着什么专业,你都需要好好地审视你自己,看看你究竟适合在什么土地上生长;同时,你需要

世界如此残酷 我们要内心强大

仔细地看一看你脚下的那片土地,看它是否适合你的生长;看看在这里,你的人生是否能绽放出最美丽的花朵?

内心强大的秘密

无论你现在正做着什么,对于事业刚刚起步或者将要起步的你,寻找到自己人生的"富矿区",对你的成功来说是至关重要的。

走你自己的路，让别人去说吧

生活中，我们经常听到有人感叹："唉！活得真累！"其实，这个"累"主要不是指身体累，而是指精神累，指做人太难。老实巴交吧，难免吃亏，被人轻视；表现出格吧，又引来责怪，遭受压制；甘愿瞎混吧，实在活得没劲；有所追求吧，每走一步都要加倍小心。家庭之间、同事之间、上下级之间、新老之间、男女之间……天晓得怎么会生出那么多是是非非。你这两天精神不振，有人就会猜测你是不是经常开夜车搞什么名堂；你和新来的女大学生有所接近，有人就会怀疑你居心不良；你到某领导办公室去了一趟，就会引起这样或那样的议论，猜疑你削尖脑袋往上爬；你说话直言不讳，人家必然感觉你骄傲自满，目中无人；如果你工作第一，不管其他，人家就会说你不是死心眼、太傻，就是有权欲、野心……此种飞短流长和窃窃私语，可以说是无处不生、无孔不入。如果你的听觉、视觉尚未失灵，再有意无意地卷入某种漩涡，那你的大脑很快就会塞满乱七八糟的东西，弄得你头昏眼花、心乱如麻，岂能不累？

因此，查找"活得真累"的病源并不难，难的是根治，若要从外部原因上断根绝种不大可能。我们若想活得不累，活得痛快、潇洒，惟一切实可行的办法就是改变自己，不再相信"人言可畏"，不在意别人的说长道短，不在意别人的冷嘲热讽，不为别人而活，更不要失去自己心灵的自由，活在别人的目光里，而是潇洒一点，活出自我个性，活出自我的真率。走你自己的路，让别人去说吧！

这就是独立特行，我行我素，不以别人的评价来确立自己的形象和价值。不论何时何地，也不论面对什么重要的人物，若有人对你轻视、否定、拒绝甚至是责骂，你都要切记罗斯福夫人说过的一句话："没有你的同意，无人能令你觉得卑贱。"强者不应任凭别人的意志阻挠自己前进的步伐。切勿让别人的评价扰乱了你的思绪，让你六神无主，无法实现自己的心愿。

有句格言叫"轻履者远行"，也就是人们常说的"丢掉包袱，轻装前进"。为了解除这种普遍存在的心理上的沉重负担，做一个心灵自由、独立自主的人。我们应该好好地想一想：现代社会里，"人言"还真正可畏、一定可畏吗？所谓"人言可畏"，只是你惧怕别人说三道四；如果你不惧怕，"人言"还有什么"可畏"的呢？由此可见，我们所面临的威胁和危险，看似是别人打来的明枪暗箭，实际上问题就出在我们自己的心理上或态度上，是自己威胁自己，自己吓唬自己。所以我们要昂首挺胸，堂堂正正地做人。任凭风吹浪打，坚定地走自己的路，按自己的心愿开创新生活，让别人去说吧，不要理会别人的冷嘲热讽，也不要因为一些外在的因素而放弃自己的人生目标。不要在乎别人说什么，要在乎的只是自己做什么，做得好不好。别人的冷嘲热讽算得了什么呢？这样坚持下去，最后必定能够如愿以偿。

许多人正是由于这种因循守旧的观念、害怕冒险的心理和随俗从众的习惯，才不知不觉把自己的灵魂交给别人去掌握控制的。这种人的精神世界总是被无形的绳索捆绑着，或者说是被无形的牢笼囚禁着，成了自己心理上的奴隶和囚犯。他们做着他们一直厌烦的工作，生活在一个自己不喜欢的环境里，说一些自己不想说的话，以及只能或只会听命于别人的旨意

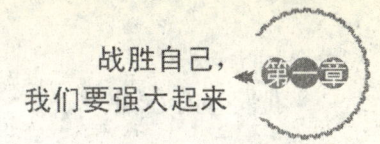

行事。而这种心理上的奴隶形态,又怎能不让一个人经常感到"活得真累"呢?

这种心理上的奴隶往往带有各种并发症,如恐领导症、恐异性症、恐独自负责症、恐别人议论症、恐周末星期天无事可做症,等等,甚至白白地受了人家的气也不敢有所表示,一味地生闷气,久而久之影响了身心健康。这一连串的"唯恐",就是内在的危险、无形的牢笼,就会使一个人谨小慎微地缩进自设的误区,给自我世界上一把"锁"。一个人压抑束缚了自己,并不能换来群体的发展和进步。我们只有摒弃别人会怎样想、怎样看的顾虑,才能树立自信,升华自我。每个"自我"都走出心理的误区,征服内在的危险,才能形成和发展坦诚的人际关系。所以,要牢牢记住:你的最高仲裁者是你自己!不要把评判自己的权力交给别人!

属于你个人的事情,需要你独立自主地去看待、去选择。要获得自己的幸福,就不能按别人的曲子跳舞,要仔细倾听自己内心深处发出的声音。不管爱与死、情与病、志与趣、成与败……都是每个人在世上的杰作或拙作。怎样做人处世,这是每个人的"内政"和"主权",任何外人都无权干涉,不容侵犯;除非你触犯了法律,损害了他人。这就是说,我们要有一个明确的信念:谁是最高仲裁者?不是别人,而是你自己!这样想问题才能自信自爱,在心理上无拘无束,才能面对现实,接受挑战,做到歌德所说的:"每个人都应该坚持走为自己开辟的道路,不被流言所吓倒,不受行时的观点所牵制。"

这里所说的不要顾虑别人怎么看、怎么说,主要是指一些本该由个人做主的事情,如恋爱、婚姻、职业选择、社会交往、兴趣爱好、生活方式等。通常情况下,思想开明、文化素质较高的人不大喜欢过问或干涉别人的事情;而那些热衷于窥视动静、说三道四的人,大都素质不高,水平不高,不会有什么真知灼见。然而在实际生活中,经常会有几个不需要支付工资的"顾问"、"高参",甚至是有职衔的"权威"来指导你做出大小事情的决定。但是,当你认真听取某一个"指导者"的劝告之前,应当先想一想,他的所思所谈是不是值得你那样用心聆听而又必须服从呢?一个人总觉得自己的脑袋没有别人的灵,遇到难题也不去找确实有真才实学而又见解新颖的专家学者请教,反倒对那些仅仅知道事情的一点皮毛而又观念守旧、见解平庸的人物言听计从,或是害怕这些"顾问"、"指导者"对自己不满意而不得不"削足适履",这难道不是一种很可悲的生活吗?

一旦你不能独立自主,那就必然会生活在别人的眼光里——总是顾虑别人会怎样看你,怎样说你。这是一种自我囚禁的思想牢笼,是一种具有破坏性的消极心态。要走出这个心理误区,从根本上讲就是要学会自信自爱、独立自主,强化积极的自我意识。

就怎样抛弃"人言可畏"这个包袱来说,第一点就是要清醒地认识到所谓别人——那些喜欢说三道四的人,并不是先知先觉,他们并不比你高明,比你正确。你没有必要在乎他们怎么看你和怎样说你。

的确,人能正确地认识自己、找到自己在社会生活中适当的位置,是很不容易的。因为,人们总爱拿自己的长处与别人的短处比,于是便认为自己比别人行,认为命运对自己不公平。越这样想,越容易好高骛远、不求上进。如果能常常把自己的短处与别人的长处比,认真想想如何取长补短,你就会有进步、有前途了。

所以,我们既应该看到,人的水平和能力有高低之分,一个人最好是做他力所能及的事;另一方面,我们也要看到人的水平和能力不是固定的,人是能通过努力和发奋来提高自己的能力和水平的。只要看看一些成功者的经历,我们就会明白他们曾怎样在社会的底层奋斗和成长。

一位诗人这样热情地劝告人们:如果你不能成为山顶上的高松,那就当棵山谷里的小树吧——但要当棵溪边最好的小树;如果你不能成为一棵大树,那就当丛小灌木;如果你不能成为一丛小灌木,那就当一片小草

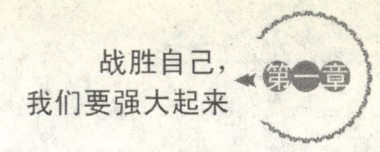

地；如果你不能是一只香獐，那就当尾小鲈鱼——但要当湖里最活泼的小鲈鱼。我们不能全是船长，必须有人来当水手。

如果你不能成为大道，那就当一条小路；如果你不能成为太阳，那就当一颗星星。决定成败的不是你尺寸的大小，而是做一个最好的你。有许多事你都可以去做，有大事，有小事，但最重要的是身边的事。

大树有大树的伟岸，小草有小草的气节。我们无须借油彩渲染虚浮的门面，需要的是执著年轻的自我，面对瀚海长天，来也洒脱，去也洒脱。

内心强大的秘密

属于你个人的事情，需要你独立自主地去看待、去选择。要获得自己的幸福，就不能按别人的曲子跳舞，要仔细倾听自己内心深处发出的声音。

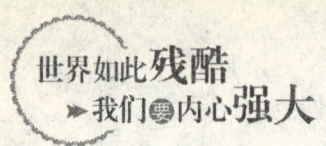

彻底治愈"萎靡不振"的毛病

对于欲成大事,治疗自己人性弱点的人而言,有一种最难治也是最普遍的毛病就是"萎靡不振","萎靡不振"往往使人完全陷于绝望的境地。

一个年轻人如果萎靡不振,那么他的行动必然缓慢,脸上必定毫无生气,做起事来也会弄得一塌糊涂、不可收拾。他的身体看上去就像没有骨头一样,浑身软弱无力,仿佛一碰就倒,整个人看起来总是糊里糊涂、呆头呆脑、无精打采。

年轻人一定要注意,千万不要与那些颓废不堪、没有志气的人来往。一个人一旦有了这种坏习气,即使后来幡然悔悟,他的生活和事业也必然要受到很大的打击。

迟疑不决、优柔寡断,无论对成功还是对人格修养都有很大的伤害。优柔寡断的人一遇到问题往往东猜西想,左右思量,不到逼上梁山之日决不作出决定。久而久之,他就养成了遇事不能当机立断的习惯,他也不再相信自己。由于这一习惯,他原本所具有的各种能力也会跟着退化。

一个萎靡不振、没有主见的人,一遇到事情就习惯性地"先放在一边",说起话来又是吞吞吐吐、毫无力量;更为可悲的是,他不大相信自己会做成伟大的事业。反之,那些意志坚强的人习惯"说干就干",凡事都有自己的主见,并且有很强的自信心,能坚持自己的意见和信仰。如果

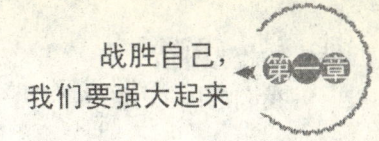

你遇见这种人,一定会感受到他精力的充沛、处事的果断、为人的勇敢。这种人认为自己是对的,就大声地说出来;遇到确信应该做的事,就尽力去做。

对于世界上的任何事业来说,不肯专心、没有决心、不愿吃苦,就决不会有成功的希望。获得成功的惟一道路就是下定决心、全力以赴地去做。

遇到事情犹豫不决、优柔寡断,见人无精打采的人,从来无法给别人留下好的印象,也就无法获得别人的信任和帮助。不能获得他人信任的人是无法成功的。只有那些精神振奋、踏实肯干、意志坚决、富有魅力的人,才能在他人心目中树立起信用。

对于手头的任何工作,我们都应该集中全副精神和所有力量。即使是写信、打杂等微不足道的小事,也应集中精力去做。与此同时,一旦作出决策,就要立刻行动;否则,一旦养成拖延的不良习惯,人的一生大概也不会有太大希望了。

世界上有很多人都埋怨自己的命不好,别人为什么容易成功,而自己却一点成就都没有呢?其实,他们不知道,失败的原因是他们自己,比如他们不肯在工作上集中全部心思和智力;比如做起事来,他们无精打采、萎靡不振;比如他们没有远大的抱负,在事业发展过程中也没有排除障碍的决心;比如他们没有使全身的力量集中起来,汇成滔滔洪流。

以无精打采的精神、拖泥带水的做事方法、随随便便的态度去做事,不可能有成功的希望。只有那些意志坚定、勤勉努力、决策果断、做事敏捷、反应迅速的人,只有为人诚恳、充满热忱、血气如潮、富有思想的人,才能把自己的事业带入成功的轨道。

青年人最易感染又最可怕的疾病,就是没有明确的目标和没有自己的见地,就是因为这一点,他们的境况常常越来越差,甚至到了不可收拾的地步。他们苟安于平庸、无聊、枯燥、乏味的生活,得过且过的想法支配着他们的头脑。他们从来想不到要振奋精神，拿出勇气，奋力向前，结果沦落到自暴自弃的境地。之所以如此，都是因为他们缺乏远大的目标和正确的思想。随后，自暴自弃的态度竟然成为了他们的习惯。他们从此不再有计划、不再有目标、不再有希望，如果你想劝服他们，要他们重新做人，实在是一件万难的事。

要对一个刚从学校跨入社会、热血沸腾、雄心勃勃的青年人指出一条正确的道路，是一件比较容易的事，但要想改变一个屡次失败、意志消沉、精神颓废者的命运，似乎是难上加难。对这些人来说，仿佛所有的力量都已消失殆尽，所有的希望都已全部死亡，他们的身体看上去也如同行尸走肉一般，再也没有重新振作的精神和力量了。

其实，世界上不少失败者的一生都没有大的过错，但由于本身弱点太多，懦弱而无能，结果做事情不求上进，一遇挫折便半途而废。没有坚强的意志，没有持久的忍耐力，更没有敢做敢为的决断力，使他们陷于失败的境地。

内心强大的秘密

对于欲成大事，治疗自己人性弱点的人而言，有一种最难治也是最普遍的毛病就是"萎靡不振"，"萎靡不振"往往使人完全陷于绝望的境地。

幸福，就在辛勤的汗水里

记得有一首歌唱道："幸福在哪里？朋友啊告诉你，她不在柳荫下，也不在温室里，她在辛勤的工作中，她在美好的祝愿里。啊，幸福，就在辛勤的汗水里……"

天下没有免费的午餐。个人奋发向上的辛勤实干是取得杰出成就所必须付出的代价。任何一种杰出成就都必然与好逸恶劳的懒惰品行无缘。正是辛勤的双手和大脑才使得人们富裕起来。任何事业的优秀成就都只能通过辛勤的实干才能取得。没有辛勤的汗水，就不会有成功的喜悦与幸福。

真正的幸福决不会光顾那些精神麻木、四体不勤的人们，幸福只在辛勤的劳动和晶莹的汗水中。懒惰，只有懒惰才会使人们精神沮丧、万念俱灰。任何人只要劳动，就必然要耗费体力和精力，劳动也可能会使人们精疲力竭，但它绝对不会像懒惰一样使人精神空虚、精神沮丧、万念俱灰。因此，一位智者认为，劳动是治疗人们身心病症的最好药物。有人说："没有什么比无所事事、空虚无聊更为有害的了。""一个人的身心就像磨盘一样，如果把麦子放进去，它会把麦子磨成面粉，如果你不把麦子放进去，磨盘虽然也在照常运转，却不可能磨出粉来。"

那些游手好闲、不肯吃苦耐劳的人总是有各种漂亮的借口，他们不愿意好好地工作、劳动，却常常会想出各种主意和理由来为自己辩解。他们说："那山太难爬了！"或者"那没必要试，我已经试过多次了，都没有成功，无须再试了。"针对这种种辩解，我想说：

你这懒惰行为，所谓没有时间等等，都只是一种借口，你总是用种种漂亮的借口来为自己辩解，我看你最根本的一条就是不肯努力，不肯下工夫，你的理论就是这样：每一个人都会把他能干的事情干好的，如果有哪一个人没有干好自己的事情，这表明他不胜任这件事情。你没有写文章表明你不能够写，而不是你不愿意写，你没有这方面的爱好，证明你没有这方面的才干。如果你这个理论体系能为大众普遍接受的话，它将会产生多大的副作用啊。

一心想拥有某种东西，却害怕或不敢或不愿意付出相应的劳动，这是懦夫的表现。无论多么美好的东西，人们只有付出相应的劳动和汗水，才能懂得这美好的东西是多么的来之不易，因而愈加珍惜它，人们才能从这种"拥有"中享受到快乐和幸福，这是一条万古不易的原则。即使是一份悠闲，如果不是通过自己的努力而得来的，充其量只不过是一种无聊而已。不是用自己劳动和汗水换来的东西，你就不配享用它。

一个无所事事的人，不管他多么和蔼可亲，不管他是一个多么好的人，不管他的名声如何响亮，他过去不可能、现在也不可能、将来更不可能得到真正的幸福。生活就是劳动，劳动就是生活。让我看看你能干什么，我就知道你是一个什么样的人。我一向认为，热爱自己的工作、尊重劳动是保持良好品德的前提条件。只有热爱工作、尊重劳动，才能抵御各种卑劣思想、腐朽思想的侵蚀，才能抵抗各种低级趣味的引诱。我想进一步说明，只有热爱劳动、尽职尽责，才能摆脱由于沉溺于自私自利之中而带来的无数烦恼和忧愁。无论是谁，他既不可能躲避烦恼和忧愁，也不可能避开辛苦的劳动。

有些懒惰的人总想干点轻松的、简单的事情，但大自然是公平的，这些"轻松的"、"简单的"事情对于懒惰者而言也会变得很困难、很艰难。那些一心只想逃避责任的懦夫也迟早会受到应得的惩罚，因为这种人总是

对高尚的、有利于公众的事情不感兴趣,于是他的私欲、各种卑劣、庸俗的念头就会在他的大脑中膨胀起来,这种人的心思本来可以用在有益的、健康的事业上,结果都由于私心杂念过于膨胀,使自己的心智脑力被各样各样琐碎、卑鄙,甚至是幻想出来的烦恼和痛苦白白地耗费了,许多无所用心的人的脑力也是这样白白地浪费了。

无论是从最低级、最庸俗的意义上讲,还是从纯粹个人享乐这方面讲,适当从事有益的劳动也是完全有必要的。不劳动就不应该享受劳动所带来的快乐。我想说:

即使当我们被雇佣的时候,当我们从事艰苦劳动的时候,我们也感到很幸福快乐;适当的休息、必要的休闲这都是人人所希望的,但这一份清闲必须是通过自己的努力学习赚来的,通过自己的辛苦劳动赢来的才具有意义,才会使人享受到劳动之余的乐趣。也只有这样活着,我们的生活才会充满无限幸福。

劳动是使人快乐的方法之一。经常从事一些适宜的劳动,对人的身体是有好处的,也只有劳动才能创造生活。一旦离开这种经常性的、有益于身心的劳动,人们就会百无聊赖、无精打采,就会无所事事,精神萎靡不振,进而会头昏眼花,神经系统也会紊乱不堪,久而久之,身体自然会莫名其妙地垮下来,精神也会一蹶不振。千万不要陷进这种状态之中。战胜无聊和苦闷的最好办法就是勤奋地工作,满怀信心地劳动。一个人一旦参加了劳动,快乐自然就会来到你身边,无聊和单调的感觉就会逃之夭夭。工作,勤奋地工作;劳动,愉快地劳动,总是去干这样或那样有益的事情。

"懒惰是魔鬼为所有伟大人物和小人物设置的陷阱,一旦掉入这个陷阱中,就等于落到了恶魔的手中。"这也许是你祖父说的,也许是你的小学老师说的,确实是至理名言。

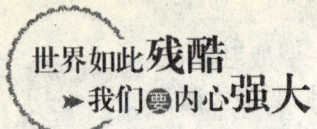

内心强大的秘密

一个无所事事的人,不管他多么和蔼可亲,不管他是一个多么好的人,不管他的名声如何响亮,他过去不可能、现在也不可能、将来更不可能得到真正的幸福。

不能只从问题的直观角度去思考

社会发展变化了,很多人抱怨自己没有机会,自己工作的环境不好,没有好领导,自己的才能发挥不出来,等等,其实这一切都在于自己,在于如何调节自己的思想。

麦克是一家大公司的高级主管,他面临一个两难的境地。一方面,他非常喜欢自己的工作,也很喜欢跟随工作而来的丰厚薪水,他的位置使他的薪水只增不减。但是,另一方面,他非常讨厌他的老板,经过多年的忍受,他发觉已经到了忍无可忍的地步了。在经过慎重思考之后,他决定去猎头公司重新谋一个别的公司高级主管的职位。猎头公司告诉他,以他的条件,再找一个类似的职位并不费劲。

回到家中,麦克把这一切告诉了他的妻子。他的妻子是一个教师,那天刚刚教学生如何重新界定问题,也就是把你正在面对的问题换一个角度考虑,把正在面对的问题完全颠倒过来看——不仅要跟你以往看这问题的角度不同,也要和其他人看这问题的角度不同。她把上课的内容讲给了麦克听,麦克也是个聪明人,他听了妻子的话后,一个大胆的创意在他脑中浮现了。

第二天,他又来到猎头公司,这次他是请公司替他的老板找工作。不久，他的老板接到了猎头公司打来的电话，请他去别的公司高就，尽管他完全不知道这是他的下属和猎头公司共同努力的结果，但正好这位老板对于自己现在的工作也厌倦了，所以没有考虑多久，就接受了这份新工作。

这件事最美妙的地方，就在于老板接受了新的工作，结果他目前的位置就空出来了。麦克申请了这个位置，于是他就坐上了以前他老板的位置。

这是一个真实的故事。在这个故事中，麦克本意是想替自己找份新工作，以躲开令自己讨厌的老板。但他的妻子让他懂得了如何从不同的角度考虑问题，结果，他不仅仍然干着自己喜欢的工作，而且摆脱了令自己烦恼的老板，还得到了意外的升迁。

所以说在面对问题时，不能只从问题的直观角度去思考，要不断发挥自己智慧的潜力，从相反的方面寻找解决问题的办法，就会使问题出现新的转折。

调节自己的思想，实际上就是换一种思路。生活中的许多事情，当我们用旧的方法、旧的习惯行不通时，就要考虑换一种"手段"，换一种思路，说不定这一换，就换出了一条全新的阳光大道。

女作家刘燕敏有一篇饶有情趣的题为《换票》的短文，其主要内容为：

两个乡下人外出打工。一个去上海，一个去北京。可在等车时，各自都改变了主意，因为邻座的人议论说，上海人精明，连问路都要收费；北京人质朴，见到吃不上饭的人，不但给馒头，而且还给衣服。原打算去上海的人想，还是去北京好，挣不到钱，也不会饿着，幸亏还没有上车；原打算去北京的人则想，还是去上海好，给人带路都能挣钱，还有什么不挣钱的，幸亏还在车站。于是他们在退票处相遇了，互相换了车票，原准备

去上海的去了北京,原准备去北京的去了上海。

去北京的人发现,北京果然好,他初到北京一个月,什么事也没干,竟没饿着,不仅银行大厅里的水可以白喝,而且大商场里欢迎品尝的点心也可以白吃。去上海的人发现,上海果然是可以发财的地方,干什么都可以赚钱,开厕所可以赚钱,弄盆凉水让人洗脸也可以赚钱。凭着乡下人对泥土的深厚感情和独特认识,他在建筑工地上弄了10包含有沙子和树叶的土,以"花盆土"的名义,向不见泥土却爱养花的上海人兜售,当天就赚了五六十元。两年后,他凭出售"花盆土"竟在上海有了一间小小的门面。后来,他又发现,一些商店楼面亮丽而招牌发黑,一打听才发现,清洗公司原来只负责清洗楼面而不负责清洗招牌。他立即抓住这一空档,买了人字梯、水桶和抹布,办起了小型清洗公司,专门负责清洗招牌。如今他的公司已经有一百五十多名员工,业务也由上海发展到杭州和南京等地。前不久,他去北京考察清洗市场,在火车站发现一个捡垃圾的向他要空啤酒瓶,就在递瓶子时,他俩都愣住了,因为五年前他们换过一次车票。

同样是听别人关于上海人精明的议论,一个从平常人的眼光去看问题,觉得不能去;一个却能从另一角度来看,认为这正是个赚钱的好地方。不同的视角,不同的思路,就有了截然不同的结果:一个仍然在北京捡垃圾,一个却成了清洗公司的小老板。

一个人的思想认识要随着社会生活的发展变化,不断地调节认识,转变思想,从错误中找正确,就能使人遇事时扭转局面。

调节思想认识就是转变思路,改变习惯,换一种思路海阔天空。看来做任何事,当我们感到困惑或尴尬时,当我们无能为力时,不能总是按规矩、老习惯、老脑筋去办。社会发展变化了,你就要多考虑考虑,能不能从另一个方面入手,能不能换一种思路,能不能从另一个角度思考,能不能改变一下固有的做法。只要你这样去思考，不断调节自己的思想，不要把自己固定在一种模式里，你就可能找到出路，就可能取得成功。

内心强大的秘密

一个人的思想认识要随着社会生活的发展变化，不断地调节认识，转变思想，从错误中找正确，就能使人遇事时扭转局面。

只要有变化，任何人都有机会

有一个人想研究犹太人，于是他研究了各种各样的书籍。但是，由于他不是犹太人，所以还是不十分明了其中的奥妙。他终于明白，只有读犹太人的典籍《塔木德》，才能理解犹太人。

某一天，他敲开了犹太教师拉比的大门，向拉比说明了自己想学习《塔木德》的愿望。

拉比说："虽然你想研读《塔木德》，但你还没有打开《塔木德》的资格。"

"我想开始研读《塔木德》，"这个人请求说，"我是否有资格，还是请你给我做个测验吧。"

这位拉比觉得他说得也有道理，那就做个简单测验吧，于是便提出下面这样一个问题：

"有两个男孩帮助家里打扫烟囱。打扫完了，一个满脸乌黑地从烟囱里跑下来，另外一个脸上却没有一点煤灰。那么，你认为哪一个男孩会去洗脸呢？"

这个人回答说："当然是脸肮脏的那个男孩去洗脸才对。"

拉比却冷冷地说："由此可见你还没有资格打开《塔木德》。"

这个人马上反问道："那么正确的答案呢？"

"如果你读了《塔木德》的话，也许会说出这种答案吧。"

拉比作了如下的说明：

"两个男孩扫完烟囱后走下来，一个脸是干净的，一个脸是乌黑的。脏脸的男孩看到干净脸的男孩，就会觉得自己的脸也是干净的；干净脸的男孩看到对方的脏脸后，会觉得自己的脸也是脏的。"

听到这里，那个人突然叫了起来："我知道了。"然后，他要求拉比再给他做一次测验。

于是，拉比又提了同样的问题。

由于这个人已经知道了答案，所以立刻回答说："当然脸干净的男孩会去洗脸。"

但是，拉比又冷冷地说："你还是没有资格读《塔木德》。"

这个人非常失望，又问道："那么，在《塔木德》上到底是怎么解释的呢？"

老师便回答说："两个男孩一起扫烟囱，而且又打扫同一个烟囱，不可能会有一个干净一个肮脏的道理。"

在这里，我们无意再去争执究竟谁该去洗脸，只是这个故事告诉我们一个道理，任何事物都是发展变化的，人也是这样。所以，我们一定要用发展的眼光去看待别人，看待我们自己。不能总是以一种僵死不变的观点去衡量别人，衡量自己，否则我们会陷入一种人生的尴尬之中，丧失我们人生中发展的机会。

变化给我们提供了机遇，也提出了挑战，适应变化并捕捉变化中的机会，你就能立于不败之地。以不变应万变不是一种积极的态度。

世界上没有什么永恒的东西。世界上的一切都在不停地变化着。物质的东西在变化，精神的东西也在变化。是变化产生了我们世界上的一切事物，过去的、现在的、将来的。

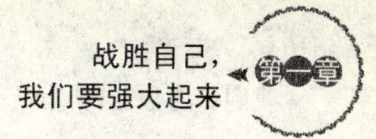

正是由于变化才有了你的出生，有了你的成功。世界上没有不变的东西，即使是死亡了的东西也在变化着：有的重新进入无机物的组合过程，通过化学的、物理的变化，融入新的物质运动；有的则重新被生命活动所吸收，参与了新的生命的建造。

我们人类也在变。人类的生存环境在变，我们生活的节奏在变，人的生存方式在变，人的生存智慧也在变，成功的智慧也在变……这种变化贯穿着我们人类的古今，也连接着我们人类的未来。随着科学技术日新月异地发展，人类的变化呈现一种加速度，也就是说，明天、后天的变化只会比今天快，而不会比今天慢。

面对着变化这种挑战，作为一个成功者，你应该比普通人、比以往的成功者更需要深思熟虑自身应对的策略，以便适应这变化的世界，顺应历史的潮流，同时，把握变化给你提供的机会，以便取得更大的成功。

到了上个世纪末，整个人类世界尤其是中国社会的物质生活条件急速地演变，与此相适应的是，人们的精神、形象、思想情感的传播方式也在不断地更新，新的情感交流媒介的空前发展，加上新的生活用具、新型住宅、新的食物、新的思想、新的交通工具不断地发展与更新；而且这种变化还会继续下去。这一切变化，都给人们提供了新的机会，因为这其中蕴藏着巨大的数也数不清的机会，无论你是经商、做地产，还是主攻文化市场，甚至是做股票，你都会发现机会每天都在找你。每一个想成功的有心人，绝不会放过这一良机。

只有懦夫才会害怕变化，只有固步自封的人面对变化才会退缩，成功者就是要在变化中去寻找成功的机会。寻找到了机会，你也可能使世界发生变化，而且，在改变世界的过程中改变自己，使自己朝着更高的人生境界迈进。

对于暂时的失败者而言，变化也给你提供了一个发展的机会，提供了改变你命运的机会，提供了让你成功的机会。这一次，你不能再放过任何一个机会了。人生苦短，岁月无情，你不能再等待下去了，应该行动起来，行动起来你就可能成功。

有时候，你看着某件事情似乎已到了"穷途末路"，但其实却存在着峰回路转的可能性。一个人，可能你觉得绝对不会成功，但是，世界上没有绝对的事情，或许有一天，他会以一个成功者的身份站在你跟前。而对于自己，哪怕是对于自己的缺点，也不要以僵死不变的眼光去看待，或许某一个机缘就会使你的缺点变成"特点"。

所以，无论是对待任何事，我们都要以发展的眼光去看待，以变化的眼光去看待，或者，换一个角度去看待。

心理学家发现了一个有趣的现象：许多人不能成大事，关键是不能正确认识自己，对自己的缺陷更是讳莫如深。这实际上是一种误区，人有许多资源，缺陷便是其中一种。如果你用变化的眼光去看待缺陷，它或许就是一个长处。许多人因为自己没有长处，就会穷则思变。

那么，去寻找变化中的发展机会吧！

内心强大的秘密

无论是对待任何事，我们都要以发展的眼光去看待，以变化的眼光去看待，或者，换一个角度去看待。

第二章

有了自信，内心不再弱小

一个人要想得到胜利女神的眷顾，首先就得向她展现你无比强大的内心。自信，就是你迎接成功的最佳方式。要敢于对自己说：『我行！我坚信自己！我是一个内心强大的人！』

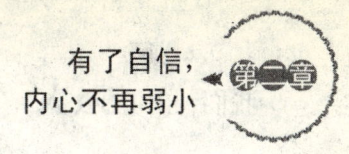

为我们的前程点亮一盏成功的心灯

坚定不移的积极心态是突破自我限制,化思考为力量的源泉,是创造新人生境界的原动力。我们的人生有了积极的心态,就为我们的前程点亮了一盏成功的心灯。

查尔斯是美国学者。12岁那年一个细雨霏霏的星期天下午,他在纸上胡乱画,画了一幅菲力猫,它是大家所喜欢的喜剧连环画上的角色。于是,他把画纸拿给了父亲。当时他这样做有点不太妥当,因为每到星期天下午,父亲就拿着一大堆阅读材料和一袋无花果独自躲到自己的房间里,关上门去忙自己的事,不喜欢被别人打扰。

但今天比较例外,父亲不但没有生气,而且还把报纸放到了一边,仔细地看着这幅画。"非常棒,查克,这画是你画的吗?""是的。"父亲认真打量着画,点着头表示赞赏,查尔斯在一边激动得全身发抖。父亲很少鼓励他们五兄妹,几乎从没表扬过他。他把画还给查尔斯,说:"在绘画上你很有天赋,坚持下去!"从那天起,查尔斯看见什么就画什么,把练习本都画满了,但他对老师所教的东西却毫不在乎。

后来,父亲离开家以后,查尔斯只有自己想办法过日子,并时常给父亲寄去一些他自己比较不错的素描画,并眼巴巴地等着父亲的回信。父亲很少给他回信,但回信中的任何表扬都让查尔斯兴奋几个星期,他相信自己将来一定会有所成就。

美国经济大萧条那段是他最困难的时期,父亲去世了,除了福利金,查尔斯没有别的经济收入,他17岁时被迫离开了学校。由于受到父亲生前话语的鼓励,他画了三幅画,画的都是多伦多枫乐曲棍球队里声名大噪的"少年队员",其中有琼·普里穆、哈尔维、"二流球手"杰克逊和查克·康纳彻,并且在没有约定的情况下把画交给了当时多伦多《环球邮政报》的体育编辑迈克·洛登。第二天,迈克·洛登便雇用了查尔斯。在接下来的四年里,查尔斯每天都给《环球邮政报》体育版画一幅画。那是查尔斯的第一份工作。

到了55岁时,查尔斯还没写过小说,他也没打算过这样做。在向一个国际财团申请电缆电视网执照时,他才有了这样的想法。一个在管理部门的朋友当时打电话来,说他的申请可能被拒绝,突然面临着这样一个问题,查尔斯心想:"今后我该怎么办?"查阅了一些卷宗后,查尔斯偶尔用潦草的字体,写下了一部电影的基本情节。在办公室里,他静静地坐了一会儿,思索着是否该把这项工作继续下去,最后他拿起话筒,给小说家、他的朋友阿瑟·黑利打了个电话。

"阿瑟,"查尔斯说,"我有一个非常大胆的想法,我准备写一部电影。我怎样才能把它交到某个经纪人或制片商,或是任何能使它拍成电影的人手里?"

电话那头的阿瑟·黑利说:"查尔斯,这条路成功的机会几乎等于零。即使你找到某人采用了你的想法,并把它拍成电影,我猜想你的这个故事梗概所得的报酬也不会很大。你确信那真是个不同寻常的想法吗?"

"是的。"查尔斯坚定地说。

阿瑟·黑利接着说:"那么,如果你确信,哦,提醒你,你一定要确信,为它押上一年时间的赌注。把它写成小说,如果你能做到这一点,你

会从小说中得到收入,如果很成功,你就能把它卖给制片商,得到更多的钱,这是故事梗概远远不能做到的。"

放下话筒,查尔斯开始问自己:"我有写小说的天赋和耐心吗?"他沉思了一会儿,对自己越来越有信心。他开始自己进行调查、安排情节、描写人物……

很快,一年零三个月的时间过去了,小说终于写完了。这部小说在加拿大的麦克莱兰和斯图尔特公司,在美国的西蒙公司、舒斯特和艾玛袖珍图书公司,在大不列颠、意大利、荷兰、日本和阿根廷均得到出版。后来,小说被拍成电影——《绑架总统》,由威廉·沙特纳、哈尔·霍尔布鲁克、阿瓦·加德纳和凡·约翰逊主演。从此以后,查尔斯又陆续写了五部小说。

假如我们有自信,我们就会获得比梦想多得多的成功。

我们经常能见到这样的人,他们总是对自己所处的环境不满意,由此产生了苦恼。例如,一个学生没有考上理想的学校,觉得自己比不上别人,很自卑。于是,也不努力学习了,整天心不在焉地混日子。

有些人不满意自己的工作,认为自己职位低、赚钱少,比不上别人。心里又是自卑,又是消沉,整天懒洋洋的,做什么事情都打不起精神来。于是,工作经常出错,上司不喜欢他,同事也认为他没出息。如此一来,他就越来越孤独,越来越被单位的人排挤,越来越远离快乐和成功。

我们会发现,大多数成功者都有一个显著特征,就是他们无不对自己充满了极大的信心,无不相信自己的力量。而那些没有做出多少成绩的人,其显著特征则是缺乏信心。正是这种信心的丧失,使得他们卑微怯懦、唯唯诺诺。

我们要坚定地相信自己,绝不容许任何东西动摇自己有朝一日必定事业成功的信念,这是所有取得伟大成就人士的基本品质。古今中外,很多

世界如此残酷
我们要内心强大

推进了人类文明进程的伟人，开始时都落魄潦倒，并经历了多年的黑暗岁月。在这些落魄潦倒的黑暗岁月里，别人看不到他们事业有成的任何希望。但是他们却毫不气馁，兢兢业业、始终如一地刻苦努力，因为他们相信终有一天会柳暗花明。

想一想这种充满希望和信心的心态，对世界上那些伟大的创造者的作用吧！他们在光明到来之前，在枯燥无味的苦苦求索中煎熬了多少年！要不是他们的希望、信心和锲而不舍的努力，成功的时刻也许永远不会到来。信心是一种思想上的先见之明，是一种心灵感应。

美国前足联主席戴伟克·杜根，说过这样一段话："你认为自己被打倒了，那么你就是被打倒了；你认为自己屹立不倒，那你就屹立不倒；你想胜利，又认为自己不能，那你就不会胜利；你认为你会失败，你就失败。因为，环顾这个世界成功的例子，我发现一切胜利，皆始于个人求胜的意志与信心。你认为自己比对手优越，你就是比他们优越；你认为比对手低劣，你就是比他们低劣。因此，你必须往好处想，你必须对自己有信心，才能获取胜利。在生活中，强者不一定是胜利者；但是，胜利迟早属于有信心的人。"

信心是使我们走向成功的第一要素。换句话说，当我们真正建立了自信，那么我们就已开始步向事业的辉煌。

内心强大的秘密

一个人如果对自己目前的环境不满意，惟一的办法就是让自己战胜这个环境。就拿走路来说，当你不得不走过一段狭窄艰险的路段时，你只能打起精神克服困难，战胜险阻，把这段路走过去，而绝不是停在途中报怨，或索性坐在那里听天由命。

有自信，才会有成功

成功是人生的发展目标，它意味着许多积极、美好的事物。人人都希望成功，每个人都想获得一些美好的事物。每个人都希望自己是自己人生的主宰，没有人喜欢巴结别人，过一种平庸的生活，也没有人喜欢自己被迫进入某种状态。

"坚定不移的信心能够移山"，是人生最实用的成功经验。在我们的生活中，真正相信自己能移山的人并不多，而真正移山的人就更少了。

虽然我们无法靠希望实现自己的目标，更无法靠希望移动一座山。但只要我们有信心，我们就能移动一座山。只要我们相信自己能成功，我们就会赢得成功。

也许你会说，我很勤奋，但就是对自己缺乏信心，不相信自己能够成功。的确，这是一种消极的力量。当你心里不以为然或怀疑时，就会想出各种理由来支持你的"不相信"。怀疑、不相信，潜意识要失败的心理倾向，以及不是很想成功的心态，都是失败的重要原因。

一家日本味精公司的社长对全体工作人员下达了"成倍地增长味精销售量，不管什么意见都可提，每人必须提一个以上建议"的命令。

于是，营业部门考虑营业部门的，宣传工作琢磨宣传工作的，生产部门打算生产部门的，大家纷纷提出销售奖励政策、引人注目的广告、改变瓶子的形状等方案。

然而，一位女工却因为提不出任何建议而苦恼。她本想以"无论如何也想不出"为由而拒绝参加，但考虑到这是社长的命令，并且言明不管什么建议都可以，所以她觉得拿不出建议有些不合适。

她陷入了无比的苦恼之中。有一天晚饭时，她想往菜上撒调味粉，由于调味粉受潮而撒不出来，她的儿子不自觉地将筷子捅进瓶口的窟窿里，用力往上搅，于是调味粉立时撒了下来。

女工的母亲也在一旁看着，她突然对自己的女儿说："如果你提不出社长让提的建议，你把这个拿去试试看。"

"这个？！"

"把瓶口开大呀！"

"这样的提案！"女工本来有些不以为然，但是又没有其他建议可提，于是就提出了把味精瓶口扩大一倍的提案。

审核的结果出来了，让大家没有想到的是，女工提出的建议竟进入15件得奖提案之中，领得奖金3万日元。而且此提案付诸实施后，销售额倍增，为此，社长又破例给女工颁发了特别奖。

受宠若惊的女工想："出主意，出主意，原来以为很难，没料到这样的提案竟然也得了奖。像这样的提案，一天能提上两三个。"

上面事例中的这位日本女工，与其说是通过这次的提议获得了3万日元的奖励，还不如说通过这次提议而获得了一种自信心。我们可以设想，等以后公司再有这样的活动时，这位日本女工绝对不会再说自己没有任何提议了，她会成为一个提议专家。说不定她会因此而成为一个成功的人。

人的自信心就是如此重要，它会使一个普普通通的人成为一个事业上

成功发展者。

那么，在生活中，如何培养自己的自信心呢？

在开会、聚会等场合，我们要专挑前面的位子坐。可能我们已经注意到，在上述场合，后面的位子总是最先被坐满。大部分占据后排座位的人，都希望自己不会太显眼，而他们怕受人注目的原因就是缺乏自信心，坐在前排能建立我们的信心，我们可以把它当成一个规则试试看，从现在开始就尽量往前排坐。坐前排是比较显眼，但成功又何尝不是一种显眼呢？

练习正视别人。眼睛是心灵的窗户，一个人的眼神可以透露出许多有关他精神世界的信息。面对一个不敢正视你的人，你可能就会想：他想隐瞒什么呢，他怕什么呢，他会对我不利吗？如果你不正视别人，你的眼神就意味着：在你旁边我感到很自卑；我感到我不如你；我怕你。而如果总是躲闪别人的眼神则更糟，它通常告诉别人：我怕一接触你的眼神，你就会看穿我；我做了或想了我不希望你知道的事情；我有罪恶感。但是，如果我们正视别人，就等于告诉他：我很诚实，而且光明磊落，正所谓"君子坦荡荡"。

走路的速度加快25%。心理学家认为，懒散的姿势、缓慢的步伐会对自己、对工作以及对别人的不愉快感受产生一定影响。但是，姿势和速度可以改变，你可以借着这种改变来改变你自己的心理状态。如果你仔细观察会发现，身体语言是心灵活动的结果。那些屡遭打击、被排斥的人，连走路都拖拖拉拉，完全没有自信心。所以，使用这种走路速度加快25%的方法，抬头挺胸走会好一点，你就会感到你的自信心在滋长。

经常练习当众发言。在日常生活中，你会发现，有很多思路敏捷、天资很高的人，却无法发挥他们的长处参与讨论，不是他们不想参与，而是因为他们缺少信心。尽量当众发言，就会增加信心，下次发言就更容易一些。所以，从现在开始，你不要放过任何一个发言的机会，不要怀疑自己，你的发言的确很精彩。

经常性地放声大笑。笑是医治信心不足的一副良药，它能给自己很实际的推动力，不仅如此，笑还可以化解别人敌对情绪。放声大笑，我们会觉得好日子又来了。现在，我们就放声大笑一次，然后体会一下其中的滋味。

内心强大的秘密

自信是对自我能力和自我价值的一种肯定。在影响成功的诸要素中，自信是首要因素。有自信，才会有成功。

长期处于自卑中是一场灾难

经常听到有人这样说:"我有点自卑,我很不相信自己。"这样一讲,就已显得底气不足,如果再面临强大的对手,只有落荒而逃的份儿。

一个自信的人在面对强大的对手时,他是不会说:"我不自信!"相反,他常会说:"我是最好的!我是最棒的!我是最优秀的!"久而久之,他真的成了最棒,最好,最优秀的了!因为他以此为目标,不断地朝着这个目标前进,所以,他才不会犹豫和退缩,他才不会回头!

尽管你职务不高,薪水不多,可是,离开了工作岗位,你和别人一样,都是平等的,没有什么不同。永远不要自认卑微。对任何人,都用一样的态度,而不必谄媚,不必刻意讨好。对任何人都不卑不亢,你就是你,你不比任何人矮一截,大家在人格上都是平等的。

贫穷并不可怕,地位低些也没关系,这些都是外在的,是可以凭自己的努力改变的,或者说得极端些,不改变又怎么样呢?每个人有每个人的生活方式,只要不妨碍别人,不对不起别人,穷些苦些又怎么样呢?但如果一个人自轻自贱,那就麻烦了,也就没有救了。一个自轻自贱的人,就算他的财富再多,地位再高,人家仍会觉得你有缺陷,仍会觉得你需要改变。当我们说一个人没有出息的时候,主要的不是说他没有成家立业,没有取得成就什么的,而是指那个人自轻自贱,自己打自己耳光,自己看不

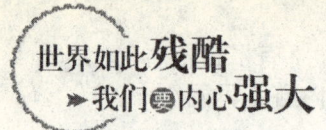

起自己，自己不给自己脸面。

而自轻自贱的孪生兄弟，就是自卑。奥地利心理学家奥威尔在《自卑与人生》中说："自轻自贱的人，必定是自卑的人；或者说，自卑的人，必定是自轻自贱的人。"所谓自卑，就是拿别人的优点和自己的缺点作比较时得到的那种感觉，是一种自己感觉低人一等的惭愧、羞怯、畏缩，甚至灰心丧气的情绪。有自卑感的人，常常轻视自己，总认为自己无法赶上别人，并因此而苦恼。

一个人为什么会自卑，会自轻自贱呢？美国心理学家的研究表明，儿童时期如果各项活动取得成绩而得到老师、家长及同伴的认可、支持和赞许，便会增强他们的自信心和求知欲，内心会得到一种快乐和满足，就会养成一种勤奋好学的良好习惯。相反，他们会产生一种受挫感和自卑感。这就是说，自卑感的形成主要是社会环境长期影响的结果。

每个人都可以选择一条适合自己的路，人的成才道路是相当宽广的。当你取得了一定成绩之后，还会继续发现自己有不如他人之处。所以，时时知不足是有利于促进自己进步的。但若老是自卑不已，悲观泄气，则是有害无益的。

当然，最重要的是能够进行正确的自我评价。每个人都有自己的长处和短处。俗话说"尺有所短，寸有所长"，"金无足赤，人无完人"。如果只看短处不看长处，或者夸大短处缩小长处，都会形成自卑感。苛求自己没有短处，这是不可能的。有时，某些短处甚至还很难弥补，如身体的缺陷便是如此。积极的态度是扬长避短，以"长"补"短"。这一方面不行，也许另一方面比别人强。比如，盲人阿炳，虽然他失去了视觉，但却拉得一手好二胡，他不就是靠听觉和触觉来体验、创造生活的吗？当认识到自己的短处时，可以设法弥补，或选择更适合于自己的途径发挥自己的长处，自卑的心理也就没有立足之地了。

有一则这样的故事：

有了自信，内心不再弱小

一个高考失利的青年阿明，感到非常失意，于是就骑着自行车去大堤上散心，一不小心，车子歪了下去，差点撞着坐在堤下的一个老人。他在向老人表示了歉意后并没有马上离开，而是坐到了老人身边。那是春天的一个上午，阳光明媚，清风徐来。草绿了，花开了，那些花儿，在远远近近的绿草间像星星一样闪烁。很多老人、孩子在草地里徜徉，花里漫步，也像春天的阳光一样灿烂。只有这个青年例外。

那时候，失意就像春天的草一样在阿明的思想里蓬蓬勃勃。很长一段时间以来，他看见一片落叶，便伤感，觉得自己也是一片落叶；他看见一片落花，也伤感，觉得自己是一片落花；看见流水，还是伤感，觉得自己的生命就在这平平淡淡中像水一样流逝了。

阿明的失意被老人看出了，老人跟他说起话来，老人说："年轻人，怎么这样无精打采呢？"阿明当时手里正缠着一根草，在老人问过后，他举了举那根草说："我这辈子将像这根草一样平凡。"老人只是静静地看着他，没做声。在老人的注视下他说了起来："我是一个很不幸的人，初中时因一场病休学一年。此后，学习成绩一直很差，勉强读了高中后，又没考上大学。"他又继续说，"我这一辈子将在平凡中度过，一个连大学都没上过的人，肯定是一个平凡的人。但我不甘心，我从小就立下志愿，一定要让自己的人生辉煌，我想成为一个不平凡的人。"说到这里，他流泪了，他心里装不下太多的失意，那些失意像汹涌的洪水，终于找到了决口。

听了他的话，老人开口说："你知道你手里拿的是什么草吗？""不知道。""它是蒲公英。""这就是蒲公英吗，我常在诗人笔下见到它，可它也很普通呀。"他说。"你没看见它开着花吗？""看见了，一种小花，毫不起眼。""是不起眼，但它也可以辉煌。""在诗人的笔下？""不。"老人摇了摇头，注视着他。

老人过了一会儿站了起来说："我带你去看一个地方吧。"听了老人的话，他也站了起来。他随后跟着老人沿着那条堤往远处走去。大约走了二十几分钟，他看见了一个足以让他一生都为之震撼的景致：那是一块很大很大的河滩，有几十亩甚至上百亩大，无边无际的蒲公英布满了整个河滩。蒲公英开花了，那些毫不起眼的黄黄白白的小花，在阳光下那样烂漫，那样美，那样蔚为壮观，那样妖娆，炫目辉煌。一朵小花，也可以这样辉煌吗？阿明再没说话，就那样伫立着，起风了，花儿轻轻地向他涌来。他心里一下子飘满了那些美丽的蒲公英，忽然觉得自己也是一朵蒲公英了！

从那以后，阿明的眼里一直烂漫着那漫无边际的蒲公英，他仿佛从那里看见了自己。他同时也深深懂得了平凡的人生也可能充满着不平凡的道理。

是的，对于人的一生来说，一种充实有益的生活，本质并不是竞争性的，一个人不必把夺取第一看得高于一切，它只是个人对自我发展和幸福美好生活的追求而已。那些每天一早来到街头公园练健美操、练武打拳、跳迪斯科的人们，那些只要有空就练习书法绘画、设计剪裁服装和唱戏奏乐的人们，根本不在意别人对他们的姿态和成果品头论足，也不会因有人挑剔或没人叫好就情绪消沉、停止练习。他们的主要目的不在于参赛获奖、当众展示，而是自有收益、自得其乐，满足自己对生活美和艺术美的渴求。

内心强大的秘密

自卑是人生前进道路上的绊脚石，可以使一个人的活动积极性与能力大大降低。虽然偶尔滑入自卑状态是正常现象，但长期处于自卑之中就是一场灾难了。

自信，能够唤醒我们沉睡的潜能

相信自己是对自己的认可和支持。古人云：人不自信，谁人信之。建立自信，应该从相信自己，赏识自我做起。美国作家爱默生也曾说过："自信是成功的第一秘诀。""我也会成功"、"我能行"等积极的自我暗示，能够激起强烈的成功欲望，在战胜困难，实现目标的过程中，表现出果敢的勇气和必胜的信念。雅典奥运会男子110米跨栏金牌获得者刘翔，他越是在竞争对手实力强大的情况下，越是在紧张激烈的大赛中，越能表现出良好的心理素质，比赛成绩越优异，这正是他个人自信的充分体现。

阿基米德曾经说过："给我一个支点，我就能够撬动地球。"这是多么豪迈而自信的语言。自信，能够唤醒我们沉睡的潜能。无数成功者的事实启示我们：一个人事业的成功固然有种种因素，但自信是必不可缺的条件，失去了自信将导致事业失败。

当年，门捷列夫发现元素周期律后，有些人对他的发现持反对意见，他们认为留下那么多空白就表明周期律的不合理和有矛盾，连他的导师也嘲笑他不务正业。但是，门捷列夫没有因此而放弃他的科学观点，根据周期律他科学地预言一些当时还没有发现的元素和它们的性质。由于他的预言和后来的实验结论完全一样，所以，周期律得到了科学界的承认并且引起广泛的重视。

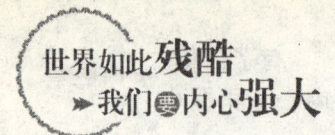

像门捷列夫一样,为了证实镭的存在,居里夫人曾终日穿着沾满灰尘和污渍的工作服,在非常简陋的棚屋里,用和她差不多一般高的铁条搅动冶锅,从堆积如山的沥青矿的废渣中寻觅镭的踪迹。虽然条件极其艰苦,但她心里却充满自信。她对友人说:"我们应该有恒心,尤其要有自信心!我们必须相信我们的天赋是用来做某种事情的,无论代价多大,这种事情必须做到。"最终,她获得了成功。

成功属于自信者,而自卑却是成功的绊脚石。有这样一个故事:

英国科学家弗兰克林在1951年发现了DNA(人体的遗传物质的双螺旋结构),这本来是一件可获得诺贝尔医学奖的大发现,但是由于他生性自卑,不敢确信自己的发现是正确的。直到两年后,沃林与克里克另外两位科学家也发现了DNA的双螺旋结构,他们坚信自己的发现,并获得了1962年的诺贝尔医学奖。我们真为弗兰克林感到惋惜。如果他自信一些,敢于承认自己和肯定自己,他的名字会载入医学生物学史册。自卑真的害人不浅。

每个人或多或少都会有自卑感,这是很正常的。个人自卑感的形成则是受个人环境的影响。弗洛伊德认为,一个人的童年的经历,对一个人性格、志趣、生理状况、思维方式等方面产生重大影响,也正是这些因素决定了一个人自卑的强烈程度。他认为童年经历可能会随着时光的流逝而变得模糊,但却保存在潜意识中,对人的一生都有重大影响。一般来讲,更容易产生自卑感或自卑感更强烈的人都是在童年经历过生活不幸的人。

成功者之所以成功,不是因为他没有受到过消极因素的干扰,而在于他们能够用意志和适当的科学方法摆脱它们的干扰,跳出阴影地带。由此可见,成功永远属于自信者,自卑者与成功无缘。那么,怎么才能让自卑者树立自信呢?下面是几招重新树立自信的方法。

(1)真实地评价自我

不要妄想十全十美，摆脱完美主义的束缚，清楚自己的长处和不足，以一种平和的态度对待自己。或许你在这方面不如别人，人无完人，但别人或许在另一方面不如你。

（2）转移注意力

当你充分认识到自己的不足后，就不要把注意力始终停留在自己的短处上。如果你停留的时间越长，黑色的阴影就越重。体现你的人生价值，发挥你的长处，更能让你肯定自我，从而克服自卑的心理。

（3）心理治疗

如果你的自卑感很强，就会成为一种心理疾病，此时需要通过心理医生来进行治疗，一般的自我心理调节可能作用不是很大。

（4）主动找回自信

一个人产生自卑的另一个原因，是遭受挫折和失败，主动找一些简单并且比较容易成功的事情做，逐渐增强自信心。自信多一点儿，自卑就相应地减少一点儿。

（5）补偿法

主要通过自己努力奋斗，在某一方面取得一定成就来补偿生理上的缺陷或心理上的自卑感。这是一种最常见最有效的方法，伟大的音乐家贝多芬就是一个很好的例子，在听觉完全丧失的情况下，他仍克服困难创作了著名的《第九交响曲》。

内心强大的秘密

战胜自卑的过程，其实也就是磨炼心态、挑战自我的过程。人们常说："最大的敌人是自己。"而自卑却是自己为自己设置的障碍，只有跨越这道门槛，你才能集中精力和斗志从事别的事业。

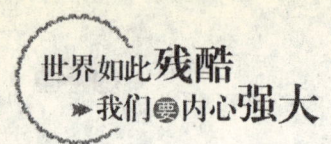

让自己瞬间自强起来

如果你想改造自己、进行自我管理，进行某方面的修养，你就应首先认识自己，了解自己，根据实际的可能和自身的条件，使自己的长处得到发挥。这样，你就会感到自己并不比别人笨，你有不如别人的地方，别人同样有不及你的地方。自信心便会由此产生并不断增强。

人生最大的损失，除了丧失人格之外，就要数失掉自信心了。

春天来了，一个农民伯伯听到两粒种子躺在土壤里对话。

"我要努力拱出地面，并且将根深深扎进土壤里；我要'出人头地'，让自己在大自然中迎风摇摆，大声歌唱生命的高贵。让我在有限的生命里得到阳光和雨露的爱护，虽然最终我会在秋天枯萎，但我的一生活得很充实。"第一粒种子说。

"我没你那么勇敢。如果我用力向地面上钻，这可能会伤到我脆弱的茎心；如果我向土壤里深深扎根，可能会碰到坚硬的石头；如果幼芽长出来，恐怕会被昆虫吃掉；我若开花结果，只怕小孩子会将我连根拔起。一想到这些，我想我还是呆在土壤里面最安全。其实，长出来也没什么大意思，反正最终都会死的。"第二粒种子说。

听完两颗种子的对话后，农夫对第一粒种子充满了信心，对它格外辛

勤护理,使其茁壮生长。对第二粒种子却失去了信心,疏于管理,最后,第二粒种子刚露出地面就逐渐枯萎了。

其实,农民就是你自己,两粒种子代表了你的两种心态,两种选择。

人生就是一次无法回头的旅行,"不敢冒险就是最大的风险",它将使危险加速而至。

如果你充满勇气和自信,就会在有限的生命里尽情享受人世间的快乐,像第一粒种子那样;如果你缺乏自信和勇气,你就会像第二粒种子那样渐渐老去,直至枯萎。

一定要相信你自己,不要一遇到困难和挫折,就随随便便地放弃,做出妥协,相信你内心深处所确定的东西。

缺乏自信是一件非常可怕的事,它会让你丧失许多成功的机会,浪费你宝贵的时间,甚至会激活那些可能伤害到你的情感,把你击垮。

有一位很有经验的自我潜能开发者,她辅导过许多对自我能力有怀疑的案例,他们在生活、家庭、感情上都出现过问题。下面是这位自我潜能开发者的辅导心得:

"我有一个发现:一般我们所认定的'名人',他们有部分人,具有超乎常人的意志力。他们在接受训练时,大都能够达到预期的效果。"

在一部纪录片中有这样的场景:

在非常贫穷的南美洲,有一些酗酒、吸毒、流浪街头的孤儿,他们的堕落是为了忘记忧郁、忘记饥饿的生活;而这些小孩生下来的小小孩,有些被搁置在医院,他们大都身体状态不佳、虚弱到无法行走的地步。

医疗人员正拿着玩具在一个小孩面前晃。这个小孩已经五岁了,还不会走路。

世界如此残酷 我们要内心强大

　　大多数人看到这部纪录片时，都是热泪盈眶的。挫折、沮丧、跌倒，是每一个正常人都害怕的事，但对这些孩子而言，却是奢望。如此的对比之下，你是不是该自立自强，无惧生命中的每一次跌倒？

　　你一定拥有自强的个性，请让上天给予你智慧，看穿所有困难障碍背后的"福分"；要不，就请你给你自己一点"压迫"，让自己瞬间自强起来。

内心强大的秘密

　　缺乏自信是一件很可怕的事，它会让你丧失许多成功的机会，浪费你宝贵的时间，甚至会激活那些可能伤害到你的情感，把你击垮。

你就是你自己，无须效仿他人

我们每个人都是世界上独一无二的，你没必要按照别人的眼光和标准来评判甚至约束自己，你就是你自己，你无须总是效仿他人。最重要的一点是保持自我本色。

在加利福尼亚，有一位伊丝·欧蕾太太，她从小就很容易害羞，她的身体有些胖，再加上一张圆圆的脸，使她看起来显得更胖了。她的妈妈非常守旧，认为伊丝·欧蕾太太无须穿得那么体面漂亮，只要宽松舒适就行了。所以，她一直穿着那些朴素宽松的衣服，从没参加过什么聚会，也从没参与过什么娱乐活动。即使上学以后，也不与其他小孩一起到户外去活动。因为她害羞，而且已经到了无可救药的程度，她常常觉得自己与众不同，不受人的欢迎。

伊丝·欧蕾太太长大以后，嫁给了一个比她大好几岁的男人，但她害羞的性格依然如故。婆家是个自信、平稳的家庭，他们的一切优点似乎在伊丝·欧蕾太太身上都无法找到。生活在这样的家庭之中，她总想尽力做得像他们一样，但就是做不到。家里人也想帮她从禁闭中解脱开来，但他们善意的行为反而使她更加封闭。渐渐地，伊丝·欧蕾太太变得紧张易怒，躲开所有的朋友，甚至连听到门铃声都感到害怕。她知道自己是个失败者，但她不想让丈夫发现。于是，她总是在公众场合试图表现得十分快活，甚至有时表现得太过头了，于是事后她又非常沮丧。因此，她的生活中没有了快乐，她看不到生命的意义，最终她想到自杀……

伊丝·欧蕾太太后来并没有自杀，那么，是什么改变了这位不幸女子的命运呢？竟然是一段偶然的谈话！

欧蕾太太在一本书中这样写道：这一段偶然的谈话改变了我的整个人生。

有一天，婆婆给大家讲起她是如何把几个孩子带大的。她说："无论发生什么事，我都坚持让他们秉持本色。""秉持本色"这句话像黑暗中的一道闪光，一下照亮了我。我终于从困境中明白过来——我原来一直在勉强自己去充当一个不大适应的角色。我整个人一夜之间就发生了改变，我努力寻找自己的个性，并开始让自己学会秉持本色，尽力发现自己究竟是一个什么样的人。我开始观察自己的特点，注意自己的外表、风度，挑选适合自己的衣服。我开始广泛结交朋友，加入一些小组的活动，第一次他们安排我表演节目的时候，我简直吓坏了。但是，我每开一次口，就增加了一点勇气。过了一段时间，我的身上终于发生了变化，现在，我又重新感觉到了快乐，这是我以前做梦也想不到的。此后，我把这个经验告诉孩子们，这是我经历了多少痛苦才学习到的——无论发生什么事，都要秉持自己的本色！

我们选择什么，我们就会成为什么样的人，只要我们找到了适当的地方，我们就能克服一切的困难，实现自己的目标。但这一切都需要勇气。

我们可以把周围的人作为评估自我意象的一个标准。我们会接近那些用我们自认应得的方式来对待我们的人。一个自我意象健康的人，会要求周围的人尊重他；这种人善待自己，并且让身边的人表示，这就是他希望被对待的榜样。

如果你觉得自己很差劲,就会容忍所有的人践踏你、贬视你。你心里只有诸如此类的念头:"我根本不算什么"、"都怪我"或"我总是受这种待遇,说不定是我罪有应得"。

你也许要问:"我要这样忍受多久?"

答案应是:"看你会轻视自己多久。"

一般情况下,别人只是根据我们对待自己的方式来对待我们。跟我们交往的人,很快就会知道我们是否尊重自己。只要我们尊重自己,别人就会如法炮制。假设你负责照顾一个只有几个月大的婴儿,在给他喂食的时候,你是否会无条件地哺喂这婴儿?你当然会!你不会说:"听着,小鬼!除非你做些聪明有趣的事,或者你坐起来,给我数100个阿拉伯数字,或逗我笑,否则就不给你奶吃!"你喂孩子是因为他值得你爱他、照顾他、好好待他,是因为他该喂,他值得这一切,因为他跟你一样,是人类的一分子。

你也值得这样的对待,你自出生以来就具备这样的资格,现在也依然未变。世上有太多人以为,除非自己既又聪明又英俊,领有高薪,而且比所有认得的人擅长运动、谈吐幽默,否则就不配受人爱与尊重。

你值得让人爱,让人尊重,只因为你是你自己。

很多人都很少想到自己真正的内在美与内在的力量。记得有这样一部爱情片,剧中男主角和女主角同甘共苦,为生活而奋斗时,我们为他们祷告,希望一切都顺利。她离开家庭,他去从军。当他返乡时,她却不见了。他找到她,她的家人却要赶他走,她也要赶他走,而我们一直都希望他们能永远快乐地生活在一起。幕落时,他们终于结了婚,手牵手漫步在夕阳下。我们擦干眼泪,漫步走出电影院。

看这类电影时我们会伤心、会流泪,因为我们真心关怀。每个人都拥有一颗最美、最真、最单纯的心,这份心情埋藏有多深,要视一个人所受伤害有多深而定,但它确实存在于每个人的心里。

世界如此残酷
我们要内心强大

我们看到世界各地灾难或饥荒的新闻报导，内心都不由得感到痛楚。每个人对于如何帮助这些受苦的人，都有不同的主张，但每个人都一样地关心。这就是人性。

内心强大的秘密

承认自己的人性——爱别人、体会别人处境的悲悯之心，它原本就是你的一部分。承认自己的价值，并经常提醒自己：你够资格让别人爱你。

勇敢地驶向成功的彼岸

"信念,是抱着坚定不移的希望与信赖,奔赴伟大荣誉之路的热烈感情。"这是卢梭的名言。的确如此,大千世界,古今中外,不管是一个人、一艘船、一支球队或是一个组织,要创业、要前进、要干一番惊天动地的伟业,要实现奋斗目标,就要坦然面对困难与挫折,并在坚强信念的支撑下勇敢地战胜各种困难、风浪和艰险,最终一定能乘长风破万里浪,驶向成功的彼岸。

乔治·赫伯特是美国的一位推销员,他在 2001 年 5 月 20 日,成功地把一把斧头推销给了小布什总统。布鲁金斯学会得到这个消息后,把刻有"最伟大推销员"的一只金靴子赠予了他。这是自 1975 年以来,该学会的一名学员成功地把一台微型录音机卖给尼克松后,又一学员获此殊荣。

布鲁金斯学会以培养世界上最杰出的推销员著称于世。它有一个传统,在每期学员毕业时,设计一道最能体现推销员能力的实习题,让学生去完成。他们在克林顿当政期间,出了这样一个题目:请把一条三角裤推销给现任总统。八年以来,有无数个学员为此绞尽脑汁,可是,最后都无功而返。布鲁金斯学会在克林顿卸任后,把题目换成:请把一把斧头推销给小布什总统。

很多学员鉴于前八年的失败与教训,都放弃了争夺金靴子奖。甚至有个别学员认为,这道毕业实习题会和克林顿当政期间一样,不会有什么结果,

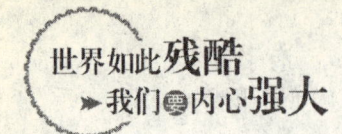

因为现在的总统什么都不缺少，再说即使缺少，也用不着他们亲自购买。

让人想不到的是，乔治·赫伯特没有花多少工夫就做到了。一位记者在采访他的时候，他是这样说的：将一把斧头推销给小布什总统是完全可能的，因为在得克萨斯州布什总统有一个农场，里面长着很多树。于是，我给他写了一封信，说：有一次，我有幸参观您的农场，发现里面长着许多大树，有些已经死掉，木质已变得松软。您一定需要一把斧头，我想，小斧头显然太轻，对于您现在的体质来说，因此您仍然需要一把不甚锋利的老斧头。现在我这儿正好有一把这样的斧头，很适合砍伐枯树。如果您有兴趣的话，请按这封信所留的信箱，给予回复……他最后就给我汇来了15美元。

乔治·赫伯特成功后，布鲁金斯学会在表彰他的时候说，在26年间，数以万计的推销员从布鲁金斯学会毕业了，我们造就了数以百计的百万富翁，这只金靴子之所以没有授予他们，是因为我们一直想寻找这么一个人，这个人不因某件事情难以办到而失去自信，不因有人说某一目标不能实现而放弃。

不因为某件事情难以办到而失去自信，不因为有人说某一目标不能实现而放弃，这是布鲁金斯学会寻找的人才，同样也是各行各业所需要的人才。在我们走向成功的道路上，我们只要具备这种自信的精神和坚强的毅力，就一定能够像乔治·赫伯特那样取得巨大的成功！

内心强大的秘密

我们的命运自始至终都掌握在我们自己的手里，就看我们怎么去看待它，面对它，解决它。也因为对同样事物的思考方式、解决方式因人而异，便产生了各式各样的人生轨迹，也许五彩缤纷，也许徒劳无功。

跌倒了再爬起来

世界上有很多的失败者,只因他们没有自信,他们所接近的也无非是犹豫怯懦、心神不定之辈,他们永无决定事情的能力,三心二意;他们自身明明有着一种成功的要素,却被自己活生生地推了出去。

每一个人都应养成沉着冷静,永不气馁的品格,任何人都应永远保持一种希望无穷的气魄、一副亲切和蔼的笑容、一种必能战胜任何突然袭来的逆浪的自信力和决心。他们应该不轻易发怒,不懊恼、不急躁,更不应该遇事迟疑不决,这些良好的品性,往往比焦心忧虑更容易解决许多困难。

喷泉的高度是无法超过它的源头的,同样的道理,一个人的成就绝不会超过自己所相信的程度。假如你知道自己的力量确能愉快地战胜困难,你已经有了适当的发展基础,就不要再有丝毫动摇,应该立刻拿定主意,即使你遭遇一些困难和阻力,也千万不要想到后退。

你现在无论处于一种什么地步,最可贵的自信千万不要失去!你应该昂起头,切勿被困难压下去;你坚决的心,切勿为恶劣的环境所屈服。你要做环境的主人,而不是环境的奴隶。你无时无刻不在向着目标迈进,无时无刻不在改善你的境遇。你应该坚决地说:你全身的力量已经足以完成那项事业,绝不会有人来把你的这股力量抢了去。你应该从自己的个性改起，养成一种坚强有力的个性，把曾被你赶走的自信和一切因此丧失的力量重新找回来。

有很多人对事业曾经失去过信心，但最后还是重新建立了自信，挽回了事业。我们应该保持这种价值连城的成功之宝，正如应该争取高贵的名誉一般重要。

诺贝尔的成功就充分说明了这一点。

由于发明了硝化甘油炸药的引爆装置，诺贝尔获得了巨额财富。

诺贝尔在圣彼得堡第一次见到了硝化甘油。当时，一个名叫西宁的教授拿硝化甘油给诺贝尔父子看，并放在铁砧上锤击，受锤击的部分立即发生爆炸。这引起了诺贝尔极大的兴趣。西宁教授说，如果能想出切实的办法，使它爆炸，在军事上大有用处。从此以后，年轻的诺贝尔就对此念念不忘，力求完成这一发明。

经过长期思考和实践，诺贝尔认识到，要使硝化甘油爆炸，必须把它加热到爆炸点或以重力冲击。寻求一种安全的引爆装置，这正是诺贝尔为自己确定的课题。1862年5—6月间，在圣彼得堡的实验室里，诺贝尔进行了第一次探索性的试验。他先把硝化甘油封装在玻璃管里，再把玻璃管放进装满火药的锡管里，然后装进导火管。装好以后，诺贝尔兄弟三人一起来到水沟旁，将导火管点燃，丢入水中，结果，地面震动，水花四溅，爆炸力远大于一般火药，这说明硝化甘油与火药都已爆炸了。这是一次用较多的火药引爆较少的硝化甘油的试验，它的意义在于第一次发现了引爆硝化甘油的原理。

从此以后，诺贝尔努力寻求硝化甘油爆炸的引爆物。这种引爆物的用量，当然应该远小于硝化甘油，才有实际意义。他经历了无数次的失败，但仍然以顽强的毅力坚持试验，以至于就连他的父亲和哥哥都嘲笑他"固执"。

一次，以为已经找到了引爆硝化甘油办法的诺贝尔，满怀信心地进行试验。用一只装满火药的小玻璃管，与导火索接好后，浸入装有硝化甘油的容器内，点燃后，他像一个放爆竹的孩子一样，期待着轰然一声巨响。但是，玻璃管内的火药爆炸却未引燃硝化甘油。

在历史上诺贝尔确曾走过这样的弯路。可贵的是，他遭到失败却仍然不急躁，不灰心。又经很多次反复试验和细致分析，他终于发现没有爆炸的原因，原来是由于玻璃管口没有封紧，没有产生足以使硝化甘油爆炸的冲击力和温度，火药不能炸碎玻璃管。于是，他用蜡将管口封死，终于获得了成功。

1868年2月，瑞典科学会授予诺贝尔父子金质奖章，奖励老诺贝尔用硝化甘油制造炸药的长期努力，奖励爱佛莱·诺贝尔首次使硝化甘油成为可以用于工业的炸药。

于是，诺贝尔给自己定制定了新的目标，试制一种兼有硝化甘油的爆炸威力和猛炸药的安全性能的新品种。没过多久，坚结的胶质炸药和柔软的可塑性极好的胶质炸药相继问世。这种炸药的爆炸效力高，价钱又比较便宜。它比硝化甘油有更大的爆炸力，而又具有更大的稳定性，点燃不至爆炸，浸水不会受潮。于是，胶质炸药很快在瑞士、法国、意大利的爆破工程中被广泛采用，盛行起来。

诺贝尔是一个具有丰富想象力的人。在各个科学技术领域，他都以进取的姿态竭力发挥自己的才能。他往往同时从事几种研究，用他自己的话来说："我的工作是间歇的，我将一件事放下，过一阵子又重新做起。我差不多经常这样。不过，凡是我认为可以得到最后成功的事，我总回过头去做好。"

诺贝尔就是这样，以顽强的意志和毅力，不怕困难，不怕失败，最终取得了成功。

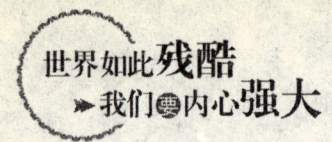

内心强大的秘密

如果你已经有了适当的发展基础，而且你知道自己的力量确能愉快地战胜困难，就应该拿定主意，不要再发生丝毫动摇，即使你遭遇一些困难和阻力，也千万不要想到后退。

放弃了信心，就等于放下了手中的武器

相信运气可支配个人命运的人，总是在等待着奇迹的出现。依赖运气的人们经常牢骚满腹，只是一味地期待着机遇的来临。至于获得成功的人，他们觉得只有信念才能左右命运，因此他们只相信自己的信念。

在别人看来不可能的事，如果当事人能从潜在意识认为"可能"，相信可能做到的话，即使表面看来不可能的事，也能够做到了。

信心就是相信自己的理想，自信就是相信自己的能力，从而达到自己的理想。信心，就是把有限生命的脆弱性与无限生命中的精神坚强性糅合在一起，从而产生一种内在的无比巨大的力量，以便于我们可以无休止地走下去，一直要达到自己理想的目的地才终止。有了自信心，就有了战胜困难的勇气；有了自信心，才能在最佳心态下去从事前人没有从事过的伟大事业。

如果一个人放弃了信心，就等于放下了手中的武器，而甘认失败。

在哈佛大学，一位教授主持了这样一个有趣的实验，实验对象是三群学生与三群老鼠。

教授对第一群学生说："你们很幸运，你们将和天才小白鼠在一起。这些小白鼠相当聪明，它们会到达迷宫的终点，并且吃许多干酪，所以要多买一些喂它们。"

接下来，教授告诉第二群学生说："你们的小白鼠只是普通的小白鼠，不太聪明。它们最后还是会到达迷宫的终点的，并且吃一些干酪，但是它们的能力与智能都很普通，不要对它们期望太高。"

教授最后告诉第三群学生说："这些小白鼠是真正的笨蛋。如果它们能找到迷宫的终点，那肯定是意外。它们的表现会很差，我想你们甚至不必买干酪，只要在迷宫终点画上干酪就行了。"

在接下来的六个星期里，三组学生都在精心地从事实验。天才小白鼠就像天才人物一样地行事，它们在短时间内很快就到达了迷宫的终点。那群"普通小白鼠"也到了达终点，但是在这个过程中并没有任何速度记录。至于那些愚蠢的小白鼠，就更不用说了，只有一只最后找到迷宫的终点，那可以说是一个明显的意外。

有趣的事情是，事实上根本没有所谓的天才小白鼠和愚蠢小白鼠之分，它们都是同一窝小白鼠中的普通小白鼠。之所以这些小白鼠的成绩不同，是参加实验的学生态度不同而产生的直接结果。简而言之，学生们因为听说小白鼠不同而采取了不同的态度，而不同的态度导致不同的结果。

"自信人生二百年，会当水击三千里。"这是毛主席曾说过的。自信是事业成功的第一秘诀。梁启超也曾说过："凡任天下大事者，不可无自信心，每处一事，既看得透彻，自信得过，则以一往无前之勇气赴之，以百折不挠之耐力持之。虽千山万岳，一时崩溃而不以为意。虽怒涛惊澜，蓦然号于脚下，而不改其容。"由此可见，自信心对于一个有雄心想成就大事业的人来说是多么重要啊！

随着社会的发展和进步，人的自我存在价值与自我改造社会的作用越来越显示出巨大的力量，信心与自信成为成功的先决条件。大禹三过家门而不入，带领民众治理河道；轩辕大帝在风吹草团滚动前进的启示下造出了车轮；愚公移山不止的精神，都蕴藏着要使事业成功的强大自信与敢于向大自然挑战的信念。

古今中外，成大事者没有一个是缺乏信心的懦夫。秦皇汉武，唐宗宋

祖,都充分表现出天之骄子的自信。卢纶对李广将军那镇定自若、箭出虎倒的气势描写说:"林暗草惊风,将军夜引弓,平明寻白羽,没在石棱中。"李贺对秦王那不可一世的气魄作诗云:"秦王骑虎游八极,剑光照空天自碧。"李广、秦王虽不属同一类型的历史人物,但是他们在中国历史上都拥有扭转乾坤与力挽狂澜的自信。

我们要拥有自信,必须正确认识自我,提高自我评价。李白在《将进酒》中写道:"天生我材必有用。"即是说,我能生临人世间,必定是人世间需要我,我能发挥出对人世有益的作用,甚至能作出一定的贡献。

经常有这样一些人,他们在一帆风顺的条件下,信心百倍,慷慨陈词。可是一遇到逆境便如霜打秋荷一般,萎靡不振。须知:"战胜自己的自卑和怯弱,是对事业的最好祝福。"在逆境中,应该"手提智慧剑,身披忍辱甲",更需要励精图治,更需要有自信。

那些充分相信自己的人,永远是能够成就大事业的人,他们敢于想人之所不敢想,为人之所不敢为。至于那些沉迷于卑微信念的人,不敢抬头要求优越的人,卑微以殁世,自然要老死窗下。普通平凡的人,因为他们没有发现自己沉睡着的"神圣潜能",而不能把它唤起,安然于普通平凡之中,从而失去了人人是英雄豪杰的自信。英雄豪杰之士就有所不同,他们有崇高的目标,远大的理想,宏大的意志,强大的信心,昂首阔步,永远向上,永远向前,永不屈服地坚持要发展自己的生命力,创造出无限的伟大的奇迹来。

内心强大的秘密

自信是人生最有力的加油站。天下没有克服不了的障碍,只要你能勇往直前,深信生命中的每件事情都能刺激你实现目标。

第三章

目标远大，内心才更强大

有明确目标的人内心更强大，行动起来更有力量，成功的希望也更大。鼠目寸光是不行的，不能看见树叶就忽略了整片森林。辛勤的工作和一颗善良的心，尚不足以使一个人获得成功，因为，如果一个人并未在他心中确定他所希望的明确目标，那么，他又怎能知道他已经获得了成功呢？

一个好猎手的眼中只有猎物

荀子有云:"锲而舍之,朽木不折;锲而不舍,金石可镂。"一个锁定目标、锲而不舍的人,一定会成功,不仅是形式上的成功,更是实质上的成功。

也许有人会说,为什么同样有目标,有的人失败了,有的人成功了。那是因为在为一件事做准备时,不但要制定明确的目标,更重要的是要始终专注于这个目标,不能因为其他事情的出现而分散自己的注意力。如果你今天想成为一名管理专家,明天想成为一名营销高手,后天又想当一名出色的设计师,最终的结果只能是得不偿失,你的准备工作很可能前功尽弃。这样,显然无法把接下来本应该做得很好的工作完成得令人满意。请相信这样一句话:一个好猎手的眼中只有猎物。

在一望无际的大草原上,有一位猎人和三个儿子。有一天,老猎人带着三个儿子去草原上猎野兔。一切准备就绪,四个人来到草原上,这时,老猎人向三个儿子提出一个问题:"你们看到了什么?"

老大回答道:"我看到了我们手里的猎枪,草原上奔跑的野兔,还有一望无垠的草原。"

父亲摇摇头说:"不对。"

老二的回答是:"我看到了爸爸、弟弟、大哥、野兔、猎枪,还有茫茫无垠的草原。"

父亲又摇摇头说:"不对。"

老三的回答只有一句话:"我只看到了野兔。"

这时父亲才说:"你答对了。"

果然,一天下来,老三打到的猎物最多。

不能游移不定,要目标专一。眼中只有猎物的老三能猎到最多猎物就是最好的佐证。但事实证明,大多数人都有一个共同的悲哀:他们今天是这样一个目标,明天就是那样一个目标,后天又是另一个目标,目标游移不定,最后一事无成。

目标游移不定,实际上是没有目标。如果说他们有目标,那只能算为一种小打算。

有这样一个年轻人,他下田用犁耕作时,由于没有经验,所以走得歪歪斜斜,他的父亲告诉他:"你应该选定一个目标,然后朝着目标走,这样就不会歪啦。"于是,他以远处的另一头牛作为目标,他认为应该没有问题了,但是耕出来的田仍然不直。没办法,他再次跟父亲请教,父亲对他说:"第一次是你缺乏目标,所以不直。第二次是错在目标的移动,当然就会走歪。所以,你应该找一个固定的目标,并且要看准这个目标才行。"第三次,他选择了远方的一棵树作为目标,果然犁出来的田直直的。

因此,如果目标游移不定,实际上就是三心二意,这不但会消耗精力,而且也浪费青春,最终是竹篮子打水一场空。一个女大学生讲

述了她的苦恼：第一次高考，她考上了华东师范大学，虽然学校不错，但她对专业不是很感兴趣。后来，不到一年她就退了学，她想复读再考复旦大学。第二年，她虽然考上了大学，可不是复旦，而是一所普通大学，这次虽然专业不错，可她又认为这个学校没名气，太差了，她又想退学再考。母亲知道了她的想法后，坚决不同意她退学。

这又说明了一点，你必须设定一个固定目标，这个目标必须是清晰而切实可行的，而不是虚无缥缈的。另外，目标一旦确定，就要付诸行动，并执著地为之追求。

中国当代著名作家史铁生，在20岁的时候遭受了人生最沉痛的打击——双腿萎缩，余生要与轮椅为伴了。当时，年轻气盛的他，根本无法接受这一现实，以后很长的一段时间里，他都一个人坐在地坛公园的轮椅上发呆。他细心观察着地坛里万物的生长，看到一只蚂蚁都在忙碌着。而自己呢？从此以后将是一个废人了，一个百无一用的废人。他连写作的勇气都没有了。他非常绝望痛苦，感觉着周围人那些冷冷的目光，想着关心自己的母亲，觉得自己凄惨无比。然而，也是在与地坛的相处中，他发现了自然万物的生长规律，想透了人生的生死命题。最后，他明白了，上天就是要你来世上完成自己的人生使命的。

彻底醒悟的史铁生，重新勇敢地拿起了笔，书写着自己的人生体验，成为了现代的心灵医师。读他的作品，我们体会到了他精神世界的博大和人类思想的可贵，他是自己的心理治疗者，也治愈了许多的精神"残疾者"。通过写作来表达自己是史铁生的梦想，也永远是他的信仰。

当梦想成为信仰，那些曾经的或者正在经受的遗憾、挫折、失败都不会令我们感到绝望，我们拥有的只会是对未来更多的期许和更热切的期盼。那矢志不移的梦想追求，怎么会经受不住一时的失意呢？"许三多"王宝强现在已然成为了一位专业的演员，取得了自己事业上的成功。但是，你知道他是从农村走出来的，只有中学学历的背景吗？在成名之前，王宝强的生命中只有一个信念和梦想——要演戏，做演员。为此，他不依不饶，让自己坚决地行走在跑龙套的队伍中。终于，他有了"傻根"这个角色，后来就有了更多的角色，最后，他成功了。王宝强的梦想就是他的信仰，他坚定不移地行进，也用自己活生生的事例告诉我们，只要有梦想，没有什么不可以。

由此我们可以看出，人生只要有固定的目标，然后，坚持不懈，锲而不舍，成功才会有希望。目标不能游移不定，每个人面对目标都不能三心二意，谁游戏人生，人生就将会游戏你，到时候只会落得个"老大徒伤悲"的结局。

著名导演李安在成名之前，大约从1983年起，经过了长达6年多的漫长而无望的等待，大多数时候都是帮剧组看器材、做点剪辑助理剧务之类的杂事。最痛苦的经历是，他曾经拿着一个剧本，在两个星期的时间里跑了三十多家公司，一次次面对别人的白眼和拒绝。那时候，李安已经将近30岁了。古人说：三十而立。而他连自己的生活都还没法自立，李安无数次地思虑：怎么办？继续等待，还是就此放弃心中的电影梦？

那个时候，李安除了看电影、写剧本外，还包揽了所有家务，负责买菜做饭带孩子，将家里收拾得干干净净。他常常在做好晚饭后，跟儿子坐在门口，一边讲故事给儿子听，一边等待"英勇的猎人妈妈带着猎物（生活费）回家"。然而，就是这么无望的等待，都没能阻止李安继续自己的电影梦想。功夫不负有心人，后来，李安的剧本得到

基金会的赞助,开始自己拿起摄像机,再到后来,一些电影开始在国际上获奖。现在的他,已然是国际大导演,凭借《断臂山》拿到了奥斯卡小金人。正是在最黑暗时刻的坚守,永不放弃的电影梦想,支持出了一个优秀的导演。也让我们明白了黑暗中,坚守梦想的可贵。

锁定目标就是朝着你确定的目标前进。这个目标不是三心二意的,是比较固定的,而且还是一个较高层次的。但锁定目标,并不是说你一生就只能有这个目标,如果你今后感觉这个目标不适合你,或你有更高层次的目标,你可以更改。

内心强大的秘密

人生一件很重要的事就是,你要学会制定目标,如果实践检验这个目标是对的,就要锁定,并为之全力以赴;如果你的目标是错的,不符合时宜的,就要更改。只有这样,你才会成为一个真正出色的人。

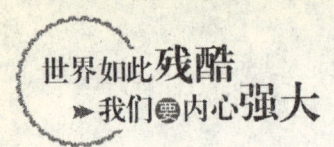

确定了人生目标后,要做的就是专注

中国当代著名作家王小波被誉为"浪漫骑士",他曾在自己的散文《工作与人生》中诚恳地对年轻人提过忠告:"年轻的时候,对一个人最重要的就是确定自己的一生要干什么,这是最重要的。"二十几岁的王小波就把写作确定为自己的人生追求。他践行着自己的梦想与追求,他是"沉默的大多数"之一,但他是中国当代最"特立独行"的人。他的文学作品闪耀着智慧的光芒,他明确自己的生命是为写作而生的,找到了自己的人生航向。

我们要思考适合自己的人生航向在哪里,要进行抉择,明白什么是适合自己的。法国作家贝尔纳曾参加过一次报纸的有奖竞猜。报纸上的问题是这样的:"如果一个画廊失火了,你只有一个机会选择一幅画,你会选择哪一幅?"报社收到了成千上万答案,其中,贝尔纳的回答被认为是最佳答案,赢得了该题的奖金。他的回答是:"我选择离出口最近的那幅画。"是的,成功的目标不是最大、最远的那个,而是最有可能成功的那个。人生的航向要驶向何方?我们能找到自己的最佳成功点吗?

如果我们试图找到自己的人生目标,就要先明白自己的专长。台湾著名漫画家朱德庸曾被老师喻为"一个四季豆",永远不会发芽。原因是这样的,从上小学开始,朱德庸的语言学习就非常吃力,别的孩子花一小时

就能学会的东西，朱德庸要花比别人多三四倍的时间才能学懂。为此，朱德庸的父母经常在学校里挨训，带着朱德庸求校长老师，使他得以升入中学。然而，就是这个"四季豆"，却被父母发现有绘画的天赋，父母尽量给他创造机会，让他独立创作。于是，有了后来的《双响炮》等优秀的漫画作品。回忆过去，朱德庸不无感慨地说，如果当时拼命地去学习文学语言，那人们可能也就只能在贫民窟里找到他。朱德庸是幸运的，因为他找到了自己的人生方向，于是，勇敢起航，直至走到了成功的彼岸。

年轻的我们，了解自己吗？兴趣是最好的老师，现在的你如果对什么事情感兴趣，那就可能是你的专长，快发现自己的专长，然后"术业有专攻"吧。

如果你确定了自己的人生目标，要做的就是专注。

电影《阿凡达》，2009年在中国引起了轰动，给影片中的女主角配音的中国女孩乔季霖也因此一炮而红。在中学的时候，乔季霖就曾为众多的广告片配过音。后来，一个偶然的机会，她进入配音行业，成为一名专业配音演员。刚开始做配音演员时，她觉得工作非常枯燥乏味，而且要经常了解演员角色的心理和嘴形，压力特别大。有一次，她向做京剧演员的父亲抱怨配音工作的枯燥，父亲当时没有说什么。但没过多久，乔季霖收到了父亲寄来的一张碟片——里面都是京剧演员平时练习的场景，并且在碟片的背后写着"专注了就好"。乔季霖看到京剧演员们为一句台词练习几遍、几十遍，被深深感动了。从此以后，她努力做好自己的配音工作，最后获得了为《阿凡达》配音的机会。乔季霖总结自己的成功秘诀就是——专注了就好。专注地盯着前方的梦想，然后奋力前行，不左顾右盼，不随意抱怨，那彼岸的花香会让我们沉迷。

我们不是无限的拥有时间，我们所能做的事情也不是无限的，所以，

世界如此残酷 我们要内心强大

我们在不断探索世界的过程中让自己专注起来，一心一意学一个专业，一心一意读几本书，一心一意做一个事业，未尝不是件幸福的事情。

曾有这样一个哲理故事：

一个年轻人问一位老者："我怎样才能成功地攀登到梦想的山巅?"老者脸上微微一笑，从地上捡起了一张纸，叠成小船放在身边的小河里。小船不急躁，不喧哗，借着水流，一声不吭地驶向远方。途中，鲜花、蝴蝶向它搔首弄姿，它不为所动，默默前行……

老者说："人的一生，金钱、美色、地位、名誉等诱惑太多。选定了奋斗目标，途中因贪恋美色而沉沦，因思谋金钱而驻足，因渴求名誉而浮躁，因攫取地位而难眠，故难以像小船一样，不为诱惑所动，向着既定的目标默然前行。这就是有些人做事半途而废，不能成功的原因。"年轻人恍然大悟。

你愿意做故事中的那只小船吗？专注于自己的梦想，一意前行，那成功之帆已经向你展开。

内心强大的秘密

眼前的职业可以不理想，但要清楚你的职业方向在哪里，只要不迷失方向，哪怕步子慢一点，总是离目标越来越近。

有了榜样，努力就能做到最好

年轻气盛的我们难免有些迷茫，有时候即使拥有了梦想，也不知道应该怎样去实现。这时候，如果我们能找到一个榜样，通过榜样的成功轨迹，或许就能找到梦想实现的方法。人的一生不可能没有榜样，有了榜样我们才有努力的标杆、学习的目标、前行的方向。学习榜样，是要学习他们如何做人，而不是要学习他们如何赚钱。有了榜样，努力就能做到最好。

安藤忠雄被誉为世界三大建筑师之一，他从小就立志成为一名伟大的建筑师。然而，他家里特别贫穷，没能如愿进入大学，学习自己喜爱的建筑专业。他高中毕业后就走入了社会，依然无法忘却自己的梦想。就在他孤独迷茫的时候，他从一本书上看到了瑞士著名建筑师勒·柯布西耶的作品，安藤忠雄知道，这正是自己喜欢的建筑师的建筑风格。

如何才能实现自己的梦想？怎样才能成功呢？他想，既然勒·柯布西耶的建筑作品那么让自己着迷，为什么不学学他呢？于是，他开始了解勒·柯布西耶的生平事迹，得知勒·柯布西耶小时候也没有受过良好教育，是自学成才的。这对安藤忠雄来说是个天大的鼓舞，他明白，自己的这位偶像可以成功，自己也完全可能成功。

从此以后，他照着勒·柯布西耶的方式，学习了世界上优秀的建筑模

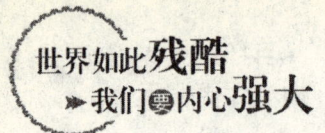

式,最后,他成功了。

榜样的力量如此巨大,如果没有勒·柯布西耶,很难想象,安藤忠雄会是什么样子。人们常说榜样的力量是无穷的,树立榜样,其实是让自己的心中有一个对照表,能让自己有更好的追求,支持自己为梦想行动。学习榜样,积极行动,对照自身,我们将取得成功。

榜样的力量是无限的,刘翔很早就知道阿兰·约翰逊的名字。在110米栏20个快于13秒的成绩中,有9个是他创造的,他是当之无愧的"跨栏王"!他是刘翔的榜样,是刘翔的偶像。在一篇文章中,刘翔这样写道:

"2001年在埃德蒙顿举行的国际田径锦标赛,我清楚地记得,那是我和约翰逊的第一次碰面。比赛一结束,我就找到了约翰逊,让他给我签名,然后,我又和他照了一张相。约翰逊对我很客气,也很友好。我知道,找他签名和要求合影,其实是他的FANS才会做的举动,而我是他的对手,这样做并不是很有'面子'。但我欣赏强者,约翰逊就是我所在的跨栏世界里的强者。"

"2004年5月8日,日本大阪国际田联大奖赛。我跑了13秒06,而约翰逊的成绩是13秒13。我第一次面对面地战胜了约翰逊。"

刘翔把约翰逊当做自己的榜样,他之所以能取得优异的战绩,既是自己努力的结果,同时也告诉了我们,确定一个榜样,以榜样为目标向前进发,并最终争取成功,是完全有可能实现的。

其实,通过树立榜样争取成功和其他成功之路一样,同样需要长期不懈的坚持与努力。或许不同之处在于,人们可以借此迅速地找到一条适合自己的路,并沿着这条已被前人证明可行的道路更加坚定地走下去。

年轻的我们还等什么？赶快定下自己的榜样，向榜样学习。也许我们可以像刘翔一样超过榜样，创造自己的辉煌。

榜样可以是师长、亲友，也可以是名人、邻居。只要他们有专长、有创意、有素养、有追求，都可以成为我们的榜样。

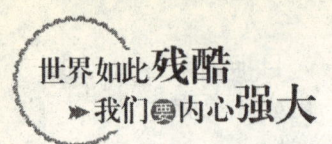

勇于做些没把握的事,是我们明智的选择

佛经里有这样一个故事:

从前有两个和尚,一富一穷,都想去南海朝圣。富和尚很早就开始存钱为自己作准备,穷和尚却没作任何准备,只是带着一个钵盂就上路了。一年以后,穷和尚从南海朝圣回来,富和尚的准备工作还没完成。富和尚问他为什么能去南海,穷和尚回答说:"我不去南海,就心里难受。我每走一步,就觉得距离南海近一点,心里就多了一份安宁。你这个人个性稳重,不做没把握的事情,所以我回来了,你还没有出发。"

从上面的故事中我们可以看出,十拿九稳的事情,往往是回报最少的事情。要做,就去做那些没把握的事情——你觉得没把握,别人一样觉得没把握。然而,不做,就永远只能看着别人成功;你做了,就有成功的可能。对待梦想,我们也可以这样,梦想一些不可能的事情,成功的可能性或许会更大一些。

在美国的老一代企业家中,安德鲁·梅隆是一个"热衷于机会"的人,他只做没把握的事。梅隆的一生曾经营过很多不同的行业,比如银行、石油、钢铁等,其中有两件事,人们记忆深刻。

1889年的一天，三个不知姓名的青年来到梅隆的办公室，他们手里拿着一块银蜡色的金属，告诉梅隆这是铝，并且声称他们找到了一种可行的电解生产法，只是没有资本，所以他们在到处寻找资助人，不知道梅隆是否愿意替他们偿还银行的一笔欠款。梅隆凭借自己敏锐的眼光，认为这项事业非常有发展前途。于是，他爽快地答应帮助他们还清债务，并资助他们成立了匹兹堡电解铝公司。果然，仅仅过了不到三年时间，这家公司就控制了北美洲的铝生产业务。

另外一件事情发生在1895年，一位曾与爱迪生共事多年的发明家爱德华·艾奇逊找到了梅隆，手里拿着一块闪光的"金刚砂"，但是由于资金不足，请求梅隆资助。梅隆也预感到这一发明的商业前景，就答应了艾奇逊的请求，后来，这项生产得到了迅速发展。

梅隆屡次成功的秘诀就是做没把握的事。适度地做没把握的事，才有可能实现自己的梦想。

我们每个人来到这个世界上，都期盼生命灿烂如星河，光芒熠熠照亮整个夜空。那我们就要反思自己走过的人生之路，规划未来的人生之路。说到底，做他人没把握的事，意味着一种冒险。冒险就是拒绝中庸，拒绝稳妥。做没把握的事，不意味着盲目做事，相反，这是我们审时度势之后的理智选择，是对自己和所做事情的负责态度。勇于冒险能开创出一片新的天地，没有冒险，何来生命中的大喜悦、大收获？

有一点我们必须谨记，当一切都准备妥当的时候，机会可能已经遗失了。在没把握的时候率先出手，实现梦想的几率要大很多。同时，要有"只问耕耘，不问收获"的精神。既然我们已经上路了，那就没有后路可退。你经过了春的播种，夏的耕耘，难道会害怕没有秋的收获吗？

做没把握的事，就是抓住了万分之一的机会去争取实现梦想，获得成功。

约翰·甘布士是美国的百货业巨子，他曾谈到自己的经历。有一次，

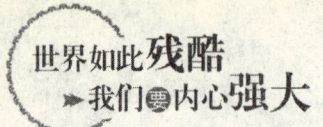

他所在地区经济萧条,很多工厂和商店开始倒闭,被迫廉价抛售堆积如山的百货,价格低得让人吃惊,1美元可以买100双袜子。

当时,约翰只是一家织造厂的小技师,他马上把自己的所有积蓄都用来收购低价货物。大家都嘲笑他的收购行为,认为太傻了。然而约翰不为所动,依然收购被抛售的货物,并租了一个很大的货仓来存货。他的妻子劝说不要这么做,这么多年的积蓄有可能毁于一旦。约翰微笑着说:"3个月后我们就可以依靠这些廉价货物发大财。"10多天过去了,那些工厂廉价抛售的货物因找不到买主,最后只能烧掉,以稳定市场物价。终于,美国政府采取了紧急行动,稳定了物价,并且大力支持那里的厂商复兴。这时,由于市场缺货,物价一天天上涨。约翰马上把积存的货物抛售出去,从而大赚了一笔。

约翰·甘布士正是因为抓住了万分之一的机会,才取得了成功。那些没有把握的事情,对于我们更应该具有非凡的吸引力。试想,如果所有人都千篇一律,永远按部就班,没有推陈出新,稳重拘谨,那怎么可能成功呢?

勇敢做些没把握的事,在我们要努力实现梦想的时候,不管能否成功,努力尝试的经历都会成为人生的一笔财富。当然,做没把握的事要注意两点:第一,目光要放在长远,鼠目寸光,忽略整片森林是行不通的;第二,要锲而不舍,拥有百折不挠的毅力和持之以恒的信心,才会事半功倍。

让我们一起行动,勇于做些没把握的事,也是一种明智的选择。

内心强大的秘密

如果我们选择做没把握的事,首要的是要坚守自己,坚定自己的选择。同时,我们要理智地分析问题,大胆地质疑问题,并确定如何做。

目标要一个一个地实现

有一个看似非常难回答的问题:"怎样吃掉一只大象?"而实现一个大目标就像吃掉一只大象一样有很大的难度。

这里可以告诉你,吃掉一只大象的方法就是"一口一口地去吃"。同样,把一个大目标分解成一个个小目标,然后从第一个小目标开始做!世界上没有任何捷径能够一步登天,只有脚踏实地,才能走得高,走得稳。

也就是说,结合你的实际情况,确立自己的目标,在实现这一目标的过程中,可以把这一目标分解成一个个小目标,实现一个小目标,会使你产生成就感和自信。在实现小目标的过程中,你应该制定一个详细的时间表,严格按计划执行。正如建造房子一样,先由建筑设计师绘出一幅蓝图,再由建筑队建造。在蓝图上,家中的各个摆设都要清楚地画出,一切都要设计得井然有序。

1984年,在东京国际马拉松邀请赛中,名不见经传的日本选手山田本一夺得了世界冠军,这个结果很出乎人意料。当记者问他为什么会取得如此惊人的成绩时,他说了这么一句话:凭智慧战胜对手。

马拉松赛是体力和耐力的运动,只要身体素质好又有耐性就有望夺冠,爆发力和速度都还在其次,说用智慧取胜确实有点勉强。所以,很多

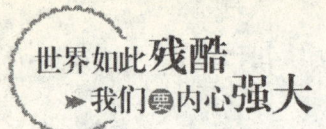

人都认为这个偶然跑到前面的矮个子选手是在故弄玄虚。

又过了两年,意大利国际马拉松邀请赛在意大利北部城市米兰举行,山田本一代表日本参加比赛。这一次,他又获得了世界冠军。记者又请他谈谈经验。

山田本一是一个性情木讷,不善言谈的人,他回答的还是上次那句话:用智慧战胜对手。这回记者在报纸上没有再挖苦他,但仍然对他所谓的"智慧"迷惑不解。

10年后,这个谜终于被解开了,他在自己的自传中这样写到:

"每次比赛之前,我都要乘车把比赛的路线仔细地看一遍,并把沿途比较醒目的标志画下来,比如第一个标志是一棵大树;第二个标志是一座红房子;第三个标志是银行……这样一直画到赛程的终点。比赛开始后,我就以百米的速度奋力地向第一个目标冲去,等到达第一个目标后,我又以同样的速度向第二个目标冲去。40多公里的赛程,就被我分解成这么几个小段路程轻松地跑完了。刚开始,我并不懂这样的道理,我把我的目标定在40多公里外终点线上的那面旗帜上,结果我跑到十几公里时就疲惫不堪了,前面那段遥远的路程把我吓倒了。"

分段实现大目标,确实有振聋发聩的启迪。聪明的人为了达成主目标,常会设定"次目标",这样会比较容易完成主目标。很多人会因目标过于远大,或理想太过崇高而易于放弃,这是非常可惜的。若设定"次目标"便可较快获得令人满意的成绩,能逐步完成"次目标",心理上的压力也会随之减小,主目标总有一天也能完成。

虽然大目标被我们分解成一个个小目标,但最终还是为了实现大目标。因此,千万不能只追求那些小目标,千万不能满足于小目标的实现之中。

报纸上曾报道过某海300条鲸鱼死亡的消息。原来,这些鲸鱼为追逐

小利，想吃掉沙丁鱼，不知不觉被困在一个海湾而暴死。人有时也是如此，如果你只追求小目标，就会空耗自己的青春，而一无所获。

的确，追求小目标会使你鼠目寸光，只顾及眼前利益，最终你将一无所获，无法成就出色的人生。

那些没有解决温饱问题的人，一心想着怎样去解决温饱，一旦温饱问题解决，他就知足常乐，再不去奋斗，最后，回过头一看，后面的人却跑到前面去了，而自己依然只是一个小人物，依然默默无闻，可有可无。

内心强大的秘密

每个人来到世上，都希望有所作为并能造福于人类。我们不能满足于眼前的生活，如果我们追求的是大目标，就不会满足于现实生活，就会奋斗不息，追求不止。

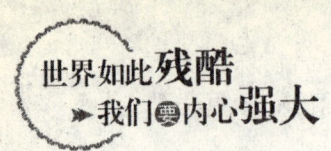

坚持让自己每天都走出小小的一步

实现梦想是我们每个人的理想。至于如何实现,没有其他的秘诀可言,就是力争做到每天进步一点点。"每天进步一点点"的价值还在于对"一点点"的珍视上,我们"每天进步"就是永不停止向前迈进的脚步。阻碍一个人成功的通常不是那些显而易见的大问题,而是一些平时不注意的小事。正是这些看似微不足道的小事,如果不用心解决,就会无休止地消耗我们的精力。"天下难事必成于易,天下大事必作于细。"不凡见于细微,永恒藏于瞬间。一个人的境界就体现在那"一点点"的小事上,做好了"一点点",成功自然就会水到渠成。之所以有人在生活中不成功,不是因为他做不到,而是因为他不愿意做简单而重复的事情。很多时候,越容易的事情,越简单,人们越容易将它忽略。

每天如果都能进步一点点,哪怕只有1%的进步,试想,还有什么能阻挡我们最终实现梦想?事实上,生活中打败我们的往往就是我们自己,忘记了每天进步一点点。我们应当明白,成功者并不是比我们聪明很多,而是每天比我们多进步一点点。

一步登天或许我们做不到,但我们绝对可以做到一步一个脚印地行走;我们可能做不到一鸣惊人,但我们绝对可以做到拧成一股劲地做好一件事。每天进步一点点,听起来好像没有立等可摘的诱人硕果,没有冲天

的气魄，也没有轰动一时的声势，但细细琢磨一下：如果每天都能进步一点点，那简直就是在不动声色中酝酿真实感人的神话，在默默地创造意想不到的奇迹。不要小看这"一点点"。智慧，就多那么一点点，使我们于危机中发现转机；勇气，就多那么一点点，使我们于怯懦中增长起干劲儿；灵感，就多那么一点点，使我们于混沌中豁然开朗。每天进步一点点，在平和的心境下一定可以创造奇迹。如果能让自己每天都心底踏实，那迎接明天的将不再只有等待。

每天进步一点点，需要我们每天认真规划，具体设计，既不能保守，又不能急躁。每天进步一点点，是出于严于律己的人生态度和自强不息的进取精神，是为了让自己进步。每天完美一点点，每天勤奋一点点，每天主动一点点，每天学习一点点，每天创造一点点……只要坚持不懈，并每天进步一点点，那么有一天我们就会惊奇地发现，在不知不觉中，我们已经脱颖而出，具备了承担更多责任的能力。任何人在追寻梦想的过程中都应该坚持到底，永不放弃，哪怕只是每天进步一点点。因为只有这样，一切才会由量变转化成质变，只有这样，我们才会从容地迈向成功的彼岸。每天进步一点点，终将使我们一生厚重而充实。

然而有时候，我们明明知道应该做什么，却没有坚持下去的力量。道理每个人都懂，但是很少有人将这些道理付诸行动，而成功的人往往是那些将道理变成行动的人。这里或许可以借用一句话：在一个行业里最终成功的人，往往不是最聪明的人，而是坚持到最后的人。

我们要为自己积蓄能量，坚持让自己每天都走出小小的一步，每天都告诉自己比昨天进步了。或许有时候，前进是一种孤独，但是前进的感觉无法比拟。我们得到了心灵的充实，使自我得到了提升，我们慢慢学会了独立与世界相处，学会了让自己更强大，那种成长的力量会让我们感觉一切都值得。

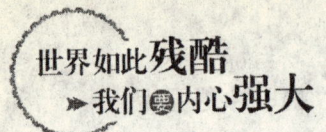

心怀梦想的我们,要每天进步一点点,或许那梦想的大门已经向你敞开。

内心强大的秘密

不积跬步,无以至千里;不积小流,无以成江海。那每天进步的一点点,会累积成一种质变,于瞬间实现飞跃。

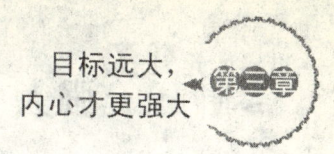

一个有明确目标的人，生活会更有激情

一个有明确目标的人，生活会更有激情，行动起来也就更有力量，成功的希望也更大。只有辛勤的工作和一颗善良的心，还不足以使一个人获得成功，因为，如果一个人并未在他心中确定他所希望的明确目标，那么，他又怎能知道他已经获得了成功呢？

在选好工作上的一项明确目标之前，这个人会把他的精力和思想浪费在很多项目上，这不但使他没有办法获得任何能力，而且反过来会使他变得优柔寡断。当他把所有能力组合起来，向着生命中一项明确目标前进时，那么，他就充分利用了合作或凝聚的方法，从而产生巨大的力量。

有一位年轻的墨西哥姑娘叫罗马纳·巴纽埃洛斯，她16岁就结婚了。在两年当中她生了两个儿子，不久后丈夫离家出走了，罗马纳只好独自支撑着整个家庭。但是，她决心谋求一种令她自己和两个儿子感到体面和自豪的生活。

于是，她把自己的全部财产用一块普通披巾包起来，跨过了里奥兰德河，在得克萨斯州的埃尔帕索安顿下来，并在一家洗衣店找到了工作，一天只赚一美元。工作虽然很苦，但她从没忘记自己的梦想，即要在贫困的阴影中创建一种受人尊敬的生活。于是，口袋里只有7美元的她，带着两

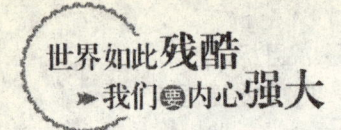

个儿子乘公共汽车来到洛杉矶寻求更好的发展。

刚到洛杉矶,她做的是洗碗的工作,后来找到什么活就做什么。她拼命攒钱,后来和她的姨母共同买下一家拥有一台烙饼机及一台烙小玉米饼机的店铺。

她与姨母共同制作的玉米饼非常成功,后来还开了几家分店。直到最后,姨母感觉到工作太辛苦了,罗马纳·巴纽埃洛斯便买下了所有股份。

不久,她成为全国最大的墨西哥食品批发商,拥有员工300多人。

在全家人的生活和经济上有了保障之后,这位勇敢的年轻妇女便将精力转移到提高她美籍墨西哥同胞的地位上。

"我们需要自己的银行,"她想。后来,她便和许多朋友在东洛杉矶创建了"泛美国民银行",这家银行主要是为美籍墨西哥人所居住的社区服务。

她与伙伴们在一个小拖车里创办起了银行。可是,到社区销售股票时却遇到另外一个麻烦,因为人们对他们不是很了解,对他们没有一点信心,于是她向人们兜售股票时遭到拒绝。

他们问道:"你怎么可能办得起银行呢?""我们已经努力了10多年,总是失败,你知道吗?墨西哥人不是银行家呀!"

但是,她始终没有放弃自己的梦想,一直不懈努力。如今,银行资产已增长到2200多万美元,她取得伟大成功的故事在东洛杉矶已经传为佳话。后来,她的签名出现在无数的美国货币上,因此,她成为美国第三十四任财政部长。

这位年轻妇女的成功确实来之不易。你能想到她会成功吗?一名默默无闻的墨西哥移民,却胸怀大志,后来竟成为美国的财政部长。

所以,人要想取得成功,发展自己,就要有自己的目标,目标是你前进时的动力。爱迪生曾说过:"一心向着自己目标前进的人,整个世界都

给他让路。"古今中外,无一例外,那些成就大业、名留青史的人都是有目标的人,目标会给人带来希望,带来成功。

○ 内心强大的秘密

世间万物都在轮回中寻求目标,也正因为有了目标,世界才能多彩多姿,即便沧海桑田,物是人非,但目标不会变,目标永存才会有走向成功、达到目标的动力。

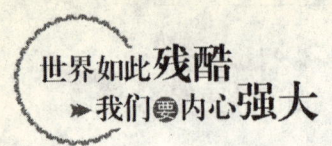

没有最好的,只有最适合的

人生是个不断探索的过程,失败有时并不是由于你的能力、学识的不足,而是由于你错误地选择了目标,而失败正给予了你一个重新思考并从错误中解脱的良机,一个从错误中得到冲破人生难关的条件。对于真正能够冲破人生难关的人而言,他所依靠的目标不是别人的,而是自己的。认识到这一点非常重要。

有这样一个年轻人叫安平,他的第一份工作是葡萄酒推销员,因为他不知道自己还能干什么,于是,他认为自己的目标就是"卖葡萄酒"。刚开始,他是为一个卖葡萄酒的朋友干活,接着为一名葡萄酒进口商工作,最后,他同另外两个人合作办起了自己的进口业务。生意越来越糟,可安平还是拼命抓住最后一根稻草,直到公司倒闭。他一直没有改行,因为他不知道自己还能干什么。

事业的失败迫使他去参加了社会上所谓的"创业"培训。他的同学有艺术家、网络专家、汽车修理工等,这些人都不认为他只是个"卖葡萄酒的",反而认为他是个有才能的人,甚至叫他"多面手",他们对他的看法使他抛弃了原来的目标。

他开始重新评估自己,仔细分析、探索其他行业,思索自己到底能干

什么。最后,他选择了和爱人一起开展房地产业务,这使他取得了"推销葡萄酒"永远不能为他带来的成功。

很多职业专家认为,人的一生当中至少要经过两三次转变,才能最终找到适合自己特长的事业,而确定自己合理的目标,则需要同样长的一段时间。

在这个世界上,如果是经过了解以及正确的追求而仍然无法得到的东西,那么这种东西对我们毫无益处可言。所以,无法付诸实施的事物,是不值得我们去追求的。

日复一日,年复一年,永远要有属于你自己的目标,而不是别人强加在你身上的目标。否则的话,你的努力便对你没有好处了。你必须除去不相干的事件,澄清思想,并深入内心,看清自己要实现的目标是什么。

一个目标是否恰当,是否正确,往往需要在实践中不断完善。对能把握的东西,进行仔细的分析;对还不能把握的东西,就必须先尝试实践,再不断完善。

社会上的工作有千百万种,人的素质与才能也是千差万别,任何人都不能成为包打天下、什么都行的英雄。每个人都必须确立自己的优势目标,在你确定自己的优势目标时,可参考以下几点经验:

(1) 要全面衡量

走向成功的重大起步就是设立目标,必须配合行动计划作充分的思考。否则,你就会做无用功,走错路,浪费你宝贵的时间和生命。因此,无论如何,你不能在设立目标时草率行事。

设定目标,要在自己的阅历、气质与社会环境条件等方面反复琢磨,论证比较,仔细推敲,一定要把它作为人生最重要的事情来做,切勿草率,否则会贻害自己。

(2) 中短期目标要有明确性,限时性

所谓中短期目标，或者三五年，或者一两年，有的甚至可以短至几个月。这种短期目标，如果还不明确、不具体的话，那就等于是没有任何目标。

只有具体、明确而有时限的目标才具有行动指导的激励价值。你强迫自己在一定的时限内完成一定的任务，就会集中精力，开掘潜能，调动自己和他人的积极性，为实现目标而奋斗。

否则的话，整日只是懒懒散散地去做一些工作，将一个月完成的事拖到两个月后完成，或者想的只是完成就行，时间无所谓，那么永远谈不上成功。

（3）中短期目标要有可行性、挑战性

心理学实验证明，太难或是太容易的事，都不容易激起人的兴趣和热情，只有具备一定的挑战性，才会使人有冲动的激情。

中短期的目标是现实行动的指南，如果大大地低于自己的实际水平，根本不能发挥自己的能力，那么，是没有人愿意去做的，即使勉强地做，也不会有很好的成绩，说不定还不如普通的人做得好。

但是反过来，如果要做的事要求太高，远远超过了自己的能力，望尘莫及，不能在一段时间内显出成效，也会大大挫伤积极性。

那么适度掌握便是一个关键，情况因人而异，个人经验、素质水平和现实环境的许可是决定你中短期目标的依据。

（4）目标需要做必要的调整

无论是远大目标，还是中短期目标，你一旦把它们设立起来，就是为了指导规划自己走向成功。所以，如果你设立的目标已经不太符合实际情况，就必须迅速做出调整和修改，千万不能将自己定出的目标作为一成不变的教条，以僵化保守的心态来对待。

因此，每年至少要作一次检查校正，对你制定的各种目标做出一些必要的调整修改。

事物总是在不断发展变化的,当时制定的目标是在当时的环境条件下形成的,如果环境情况变了,难道你还能死板地固守在同一个目标上吗?如果你始终僵化保守,就很难发挥潜能,很难利用环境走向成功。

(5)在实践中完善目标

目标是对未来的设计,一定有许多难以把握的因素,如果你不勇敢地进行试验、实践,就很难知道目标是否正确。

你要学会如何设定你的目标、你的美梦和你的愿望,学会如何能够保持志向和促其实现。就好像玩拼图游戏,如果你在人生中没有清楚的目标,就好像不知整体的全貌,胡乱地拼凑生命。当你知道了自己的目标,就能在脑海里描绘出一幅图画,让神经系统得以按图索骥,找到最需要的资料。

你得先建立个美梦,尤其是得全心全意地去做。如果你只是随手翻翻,不会对你有什么帮助。希望你能够坐下来,手里拿支笔和一张纸,写下自己未来的目标和计划。

找一个让你觉得最舒服的地方,不管是你喜爱的书桌,或是角落里照得到阳光的椅子,只要能让你心静的地方,花一点时间好好计划一下自己未来的希望。看些什么?说些什么?成为什么?做些什么?相信这会是你一生中最宝贵的时光。你要去学习如何设定目标和预测结果,你要画出一张人生旅程的地图,你要勾勒出自己的方向和前进的路径。

内心强大的秘密

有限的目标会造成有限的人生,所以在设定目标时,要尽量伸展自己。唯有自己制定目标,才是惟一能期望实现的方法。

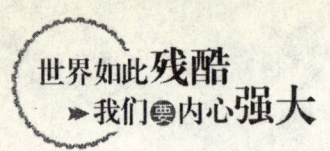

人一定要有进取心

我们生活在同一个地球上,为什么有人贫穷有人富?其实,人与人之间并没有多大的区别。有心理学专家指出,原因在于人的"心态"。有一位伟人说:"要么你去驾驭生命,要么就是生命驾驭你。你的心态决定谁是坐骑,谁是骑师。"还有一位哲人说:"你的心态就是你真正的主人。"

拿破仑曾经靠着他自己的一句名言"不想当元帅的士兵,不是好士兵",带领着铁骑踏遍大半个欧洲。这句名言是对一个人想成就梦想的最好说明。成功就需要这样一种心态,世上有所作为者都是因为自己有"要想当元帅"的野心而最终如愿以偿。所谓野心即是雄心,也就是进取之心。

一个人的心有多大,他人生的舞台就有多大。成功者总是能激发自己的进取之心,并把这种进取心贯彻到每一个行动、每一天中。从心理学的角度来说,成绩有增强自信心、提升自我评价的作用,所以,强大的进取心或许是靠成绩隐藏自卑感的心理反应,能以获得好成绩的诱惑来鞭策人们进取。

巴拉昂是法国的媒体大亨,年轻时靠推销装饰肖像画起家,他只用了不到10年的时间就迅速跻身于法国50大富翁之列,于1998年患前列腺癌去世。

在临终之时他写下遗嘱："我以一个穷人的身份来到人世，却是以一个富人的身份走进天堂。在我走进天堂之前，我不想把我成为富人的秘诀一起带进去。我已经把我成功的秘诀写在了纸上，就锁在中央银行的一个保险箱内。谁若能通过回答'穷人最缺少的是什么'而猜中我的秘诀，他将能得到我的贺礼100万法郎。"

在他死后不久遗嘱被刊出，很多人寄来了这个问题的答案。有一部分人认为，穷人最缺少的是机会；一多半的人认为，穷人最缺少的是金钱；还也有人认为，穷人最缺少的是技能，或者是帮助和关爱……

到了巴拉昂逝世的周年纪念日，律师和代理人打开那只保险箱，在46851封来信中，有一位叫蒂勤的9岁小姑娘猜对了巴拉昂的秘诀：穷人最缺少的是成为富人的野心。

巴拉昂的成功秘诀在欧美引起了不小的震动，就此话题电台进行采访时，很多"富闲"大亨都毫不掩饰地承认：野心是永恒的特效药，是所有奇迹的萌发点；某些人之所以贫穷，大多是因为他们有一种无可救药的弱点，即缺乏进取之心。

进取心没有止境，它是人类行为的推动力，人类由于拥有进取心，可以攫取更多的资源。没有进取心的人，就会安于现状，就没有追逐欲望的动力，在激烈的竞争中碌碌无为地过一辈子，即便天赐良机，也未必会抓得住。

内心强大的秘密

有了进取心也就有成功的欲望，这样，人生的方向和目标也就明确了，人们才会很好规划自己的未来，为了达到愿望而定下比较详尽的计划。然后，通过全力以赴的努力，更快地脱离"贫穷"的束缚。

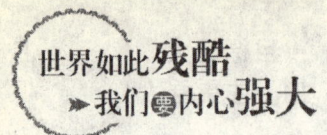

给自己制定一个切实可行的目标

许多人不知今生所求为何,懵懵懂懂地生存在世间,更不清楚自己在人生道路上期望什么样的成功。

我们每个生活在社会中的人,都要根据自己的实际情况寻找自己生存的目标,因为每个人不可能一生下来就有明确的目标,而需要在自己的实际生活中,逐渐发现,逐步明确,最后坚定下来。所以,为自己寻找生存目标就是一个人生存的第一个任务。

在生活中没有明确目标的人,他们总是迷惑不解,而且会随波逐流,为什么自己在事业上总不知道自己到了何处?如果一个人不清楚自己要去哪里,就当然不可能到达任何一个地方。一个人必须作出清醒、明确的抉择:我一生中要达到什么目标。如果你疏于计划,你就是在计划失败。你的下意识只被一种清晰、集中的画面所激活。当你对一项目标作出抉择的时候,你就激活了你下意识领域里目标搜索系统的控制功能,它便推动你向目标前进,同时,目标也便向你靠拢过来。

对于自己的未来,很多人怀着模糊的希望,因为目标不明确且太遥远,常不了了之。孰不知当时的小希望常常是达成明确目标的跳板。马拉松比赛时,不会一心想着遥远的终点,而是把注意力放在下一个转角、电线杆等短期目标上。每达到一个短期的目标,就会为自己设定下一个"看

得见"的目标。

人生的目标总是在社会生活发展变化中产生的,人也是在这种发展变化中寻找到自己的目标,并且使自己的生存变得有价值、有意义。

目标一旦设定,它就会在你的下意识里扎根,它一旦扎根,你就再也不可能忽略它的存在。你做一切事情的时候,都必须为实现这个目标而努力,直到你最终实现它。下意识将始终不渝地指引你向着你的目标奔跑,并持续不断地提醒你:"不要去做那件事","该做这件事了"。下意识还会叫你注意和接近与你的目标相一致的人和事,忽略和拒绝那些与你的目标不一致的。

有了发展目标的人生才会是成功的人生。有什么样的发展目标,就有什么样的人生。发展目标是对于我们所期望成就的事业的真正决心。目标比幻想好,因为它可以实现。

如果没有发展目标,就不可能发生任何事情,也就不可能采取任何行动。一个人如果没有发展目标,就只能在人生的旅途上徘徊,永远到不了任何地方。

发展目标对于成功也有绝对的必要,正如空气对于生命一样。如果没有空气,没有人能够生存;如果没有发展目标,没有任何人能够成功。所以,对想要达到的人生目标也首先要有一个清晰的蓝图,对你想去的地方首先要有个清楚的范围。

发展目标是我们成功路上的里程碑,它的作用是巨大的。明确的发展目标,会在你的整个人生的发展过程中都发挥作用。

世界上,没有任何一个成功者是在自己糊里糊涂、没有目标的情况下发展成功的。中国有个成语"浑浑噩噩",就是形容那些心中没有目标的人的生活态度。是的,一个没有目标的人就像一艘没有舵的船,永远漂流不定,只会到达失败、失望和沮丧的浅滩。

当你有了发展目标之后,目标就会是你努力的方向,就像射击运动员面对的靶子，像长跑运动员面对的终点。随着你努力去实现这些目标，随着目标的一点一点临近，随着小目标的一个一个实现，你就会有一种成就感。而这种成就感又促使你朝着新的发展目标努力冲刺。如果你这样做了，就会发现，你的思想方式和行为方式都会发生很大的变化，你会发现你的人生观比以往更加积极，也更加有活力。

制定和实现发展目标，对于我们的人生来说，实际上就是一场比赛。目标是你努力的依据，因为你的人生有了方向，同时，目标又不停地激励着你、鞭策着你，它好比是我们在道路两旁看到的加油站，使你在发展的漫漫征途上产生无穷无尽的动力。

我们必须要谨记：你的发展目标一定要是可以实现的、具体的。你人生的目标越是含糊不清，你实现它的机会也就越是渺茫。道理很简单，目标不具体，也就是说你无法衡量它是否实现了，那只会降低你努力的积极性，因为你不知道你要求什么，这跟人生没有目标在某种意义上其实是相同的。

内心强大的秘密

虽然给自己制定一个明确而又切实可行的目标，并不能保证你一定获得成功，但是，这一目标起码能够增加你成功的机会。

要想成功,不能没有远见

有一个这样故事:

有一个年轻人叫少波,他在离警局不到一百米的地方被两个歹徒截住。歹徒让少波交出身上所有值钱的东西,少波什么都没有说,默默地把一条金项链交给了歹徒。

歹徒仍不甘心,把少波的浑身上下搜了很多遍,也没有再搜到什么。于是,歹徒恼羞成怒,把少波打昏在地。路过此地的一名警察救起了少波,问道:"你被抢的地方,离警局那么近,你当时为什么不大声喊救命呢?"

少波答道:"因为我怕一张开嘴巴,连我嘴里的五颗金牙,也会一起被歹徒抢走!"

这个故事告诉我们:真正的盲人,并非双目失明的人,而是那些对问题短视、缺乏远见的人。

要想成功,不能没有远见,要把目光盯在远处,用远大之志激发自己,并咬紧牙关、握紧拳头,顽强地朝着自己的人生方向走下去。没有这种品性的人,是绝对不可能成大事的,甚至连小事都做不成。

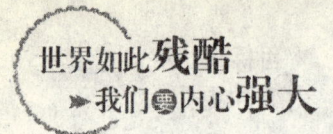

那么,远见是一种什么东西呢?

沃尔特·迪斯尼是一个有远见的人。他想象出一个这样的地方:那里想象力比一切都重要,孩子们欢天喜地,全家人可以一起在新世界探险,小说中的人和故事在生活中出现,触摸得到。

这个远见后来成为事实,首先是美国加州迪斯尼乐园,后来又扩展到美国的另一个迪斯尼公园,还有一个在日本、一个在法国……

作家乔治·巴纳说:"远见是在心中浮现的,将来的事物可能或者应该是什么样子的图画。"

世界上最穷的人并非身无分文者,而是没有远见的人。没有远见的人只看到眼前的、摸得着的、手边的东西。而有远见的人心中装着整个世界。"远见"跟一个人的职业无关,他可以是个货车司机、银行家、大学校长、职员、农民……

"远见"不是天生的,它是一种可以培养出来的本领。这种本领也可能被压抑,它受到"过去的经历"、"当前的压力"、"种种问题"、"缺乏洞察力"、"当前的地位"五种情况的限制。

那么,我们如何使自己的远见变为现实呢?下面的指导原则对你或许会有帮助。

第一,做大事之前要能确定你的努力方向

这个观点简单到让人几乎不好意思提出来,但实现远见总得由确定这个远见开始。对有些人来说这实在是太容易了,因为他们似乎生来就有一种远见卓识。而另一些人则需要经过长时间的沉思、考虑才能获得这种本领。

如果你想成大事,就必须确定你人生的远见。你的远见不能由别人给你。如果那样就不是你自己的远见,你就不会有实现它的决心与冲动。远见必须以你的才能、梦想、希望与激情为基础,远见是了不起的东西,它还会对别人产生积极的影响——特别是当一个人的远见与他的命运不谋而

合时。

第二，做大事之前要分析你的实际情况

将远见变成现实不是一蹴而就的事，这是一个过程，跟一次旅行十分相似。你决定去旅行之后，首先要做的事情之一，就是决定出发点。没有这个出发点，你就不可能规划旅行路线和目的地。

考察当前生活的另一个目的是规划行程并估算此行的费用。一般地说，你离自己的远见越远，所花的时间就越多，代价就越大。

第三，做大事时要能舍小利益取大目标

所有梦想都是有代价的。为了实现你的远见，就要做出牺牲，其中必然涉及你其他的选择。你不可能一面追求你的梦想，一面保留着你其他的种种选择。

多种选择是好事，可以提供机会，但对于想成功的人而言，有时必须放弃种种小选择来交换那个惟一的梦想。这情形有点像一个人来到岔路口，面临几种前进的选择。他可以选择一条能通往目的地的路，他也可以哪一条都不走，可是这样就永远达不到目的地。

第四，顶住各种压力，坚持自己做大事的积极态度

必须保持积极态度的另一个原因，是你肯定会碰到反对的意见。那些没有梦想的人是不会理解你的梦想的，他们觉得你的梦想不可能实现。他们会对你说，你的梦想一文不值。或者即使他们明白它的价值，他们也会说，这是可以实现的，但不会由你实现。碰到别人反对时，你不必惊慌，而应有思想准备，抱着永不消沉的积极态度。

第五，不管发生什么，做大事的长远规划都不能改变

实现自己的远见包含着必须选定一条个人发展的道路，并在这条路上走下去。以为自己可以从生活的一个阶段向另一个阶段进步而无须改变自己，是在自我欺骗，人生的任何积极转变必定需要个人成长。

因为个人成长是实现自己远见的必经之路，所以你能定出的最具战略

性的计划就是按你的远见来规划你的成长道路。想一想要实现理想你必须做些什么，然后确定你需要学习些什么，或参考一下别人的成长过程。

内心强大的秘密

做大事不是一件轻松的事，而是一个非常有挑战性的抉择。在你为自己的人生目标而努力的时候，你成大事的可能性就越来越大。现在只需要你放弃一些蝇头小利，把目光放在远方，迈动你的双脚。

人的一生需要一个整体规划

所谓"一等人计划明天的事,二等人处理现在的事,三等人解决昨天的事",养成事前计划的习惯,确实是所有出色人士的共同特色。在企业界有这样一句名言:在计划上多花一分钟,执行时便可节省10分钟。我们每个人都可以运用这句话,事前良好地计划,加上养成按照计划执行的习惯,通常可以在最短的时间内完成目标,因此,可以说计划是实现目标最重要的工具。

计划是实现目标的手段。有目标,人生才不会盲目;有追求,人生才会有动力;有规划,人生才会与成功有约。人的一生需要一个整体规划,人生中的每一阶段也需要各个具体规划。如果你能做到规划一生,那么你就可能成功。

马上就要中学毕业了,比尔·拉福立志要成为一名商人。他的父亲是洛克菲勒集团的一名高级主管人员,在商界打拼了很多年,对经商事务了如指掌,深谙其中奥妙。

正由于父亲的熏陶和影响,年少的拉福也一心渴望做一个生意人。他的父亲也发现儿子有商业天赋,机敏果断,勇于创新;但同时,他也感到儿子受的磨炼太少了,知识也不够丰富,更缺乏经验。

于是，拉福父子进行了一次长谈，共同制订了计划，描绘人生的蓝图。

根据父亲的建议，拉福在升大学时并没有直接去读贸易专业，而是选了工科中最基础、最普通的专业——机械制造。这招棋非常妙，因为做商业贸易的人必须具备一定的专业知识。在贸易中，工业商品占据相当大的比例，如果不了解产品的性质和生产制造的情况，就很难保证贸易业务能取得成功。另外，工科学习不仅能够培养知识技能，还有助于使人建立起一套严谨求实的思维体系，训练人的分析、推理能力，培养人对工作脚踏实地的态度。

就这样，比尔·拉福在麻省理工学院学习了4年。当然，他并没有局限于学习本专业知识，还广泛接触对经营商业贸易很有用的其他课程。

4年大学本科毕业后，拉福没有立即投身商海，而是按照原来的计划，开始攻读经济学的硕士学位。他在芝加哥大学学习了3年的经济课程，在这段学习期间，他掌握了经济学的基本知识，深入了解了经济规律，并特意认真学习了经济法律。与此同时，他没有把主要精力用来研究理论经济学课程，而是侧重于学习微观经济活动及管理知识，尤其对财务管理非常精通。

这样，几年学习下来，拉福就在知识方面完全具备了经商素质。

更令人意外的是，拉福在拿到硕士学位后，居然没有立即投身商海，而是做了国家公务员，去政府工作。他为什么会做出这种"意外"的选择呢？

原来，他的父亲——那位老谋深算的商业活动家深知，经商必须具有很强的社会交往能力，人际关系在商业活动中非常重要；要想在商业上获得成功，就必须充分了解人的心理特征，熟悉处世规则，善于与人交往，给人留下良好印象，使人信任自己、愿意与自己进行合作。这些能力，在任何学校里都是很难学到的，只有在社会上、在工作中、在日常人际交往

中才能锻炼出来,而锻炼的最佳去处就是政府部门。在复杂的政府部门里,为人处世都要格外小心谨慎。

拉福在政府部门工作了5年,在这5年期间,他从一个稚嫩的热血青年成长为一名世故、老成、圆滑、不动声色的公务员,并结识了各界人士,建立起了属于自己的一套关系网络。

5年的政府工作结束后,拉福已经具备了成功商人所需的各种条件,于是,他辞职下海经商,去了父亲为他引荐的通用公司熟悉业务。

后来,又过了两年,拉福熟练掌握了商业运作技巧,成绩斐然。这时候,他不愿再耽误更多时间,婉言谢绝了通用公司的高薪挽留,跳出来自创了拉福商贸公司,开始了梦寐以求的商业计划。

由于拉福的准备工作做得非常充分,所以他的生意进展堪称神速。20年后,拉福公司的资产从最初的20万美元发展到2亿美元;拉福本人也跻身于成功商人之列。

1994年10月,拉福率领代表团到中国进行商业考察,在北京长城饭店接受记者采访时,他谈起了自己的经历。他认为,自己的成功应感谢父亲的指导,正是因为父亲帮他规划、设计了一个重要的人生方案,才使他最终功成名就,一生无忧。

根据拉福的述说,这个人生方案的规划轨迹,如下图所示:

工科学习,工学学士——经济学学习,经济学硕士——政府部门工作,锻炼处世能力,熟悉并建立人际关系——大公司工作,熟悉商业环境——独立创办公司,开展经营业务——发展事业,创造财富。

这个人生方案规划得非常成功,它脉络清晰,步骤合理,充分考虑了个人兴趣、个人素质,着重突出了职业技能的培养。有了这个方案,加上拉福的坚持不懈的努力,他人生的成功就变得顺理成章了。

有这么一句名言:出色人生的关键在于预算你的时间和资源。许多出色、成功的人士能够出色、成功的重要原因就是好好利用了工作的三分之一，甚至经常把另外三分之二的时间也利用起来。人生就是利用个人的时间和资源来谋求出色的一生。

有这样一句发人深省的话：你今天站在哪里并不重要，但是你下一步迈向哪里却很重要。当人们站在十字路口茫然不知所措的时候，非常希望有人来指点迷津；当人们举棋不定、环顾左右而难以决断的时候，非常希望有人来助自己一臂之力。正确、合理、行之有效的计划部署就是这样一个超人，能够将前进路上的风险减到最低。

内心强大的秘密

现代社会，计划决定命运。有什么样的规划就有什么样的人生。时间非常有限，越早规划自己的人生，就能越早出色。要想得到自己喜欢的苹果，想改变自己的人生，就要先从改变自己开始，做好自己的人生规划。

第四章

提升自我，增强内心底气

做人不要满足于现在。好还要求更好，时时努力超越自己，增强自己的底气，创造一个内心更加强大的自己。做人不创新、不前进、不长大、不发展，只有『死路一条』！所以，要时刻记着：提升自己，尽量让自己更强大！

知识多了路好走

当今世界是信息时代,每天出版的图书、报刊及科学发明创造成千上万,而你学习吸收知识的时间、能力、条件均有限,不可能一劳永逸,以不变的职业知识结构,去应付万变的职业生活现实。况且你的知识陈旧率也是惊人的,你在大学所学的知识,在毕业10年后,有用的就仅剩20％了。可见,更新和补充知识是伴随你人生整个过程的活动。你必须时时地进行自我"充电",学会怎样不断地掌握新技术来改进和发展你的职业生涯,以保证自己始终在激烈的职业竞争中立于不败之地。

职业生涯瞬息万变,尤其是科学技术日新月异,你必须顺应时代潮流,掌握新的学习方法,以及比过去任何时候都更加有效地思考问题和交流信息的能力,才能机动灵活地适应未来的工作。通过学习和更新知识技能,你会感到自己的工作总有新的乐趣,而不再是被禁锢在一个呆板单调的岗位上,像一台机器在不停地运转。既然你热爱所从事的职业,希望继续工作下去,那么,你就必须更加勤勉,主动自觉地学习,不懈地发展和完善自身素质,其中包括决策、创造、交际能力,及分析、评估、综合和归纳事物本质的能力,等等。这些基本素质可以使你的工作与你的人生融为一体。

如果你不能掌握新的词汇,你就没法用简单明了的文字和语言来表述自己的思想，你就会在未来社会里感到束手无策，你的职业生涯也将变得黯然失色，最终成为一个落伍者。

同样一份职业，同样由你来干，有热情和没有热情，效果是截然不同的。前者使你变得有活力，工作干得有声有色，创造出许多辉煌的业绩；而后者，使你变得懒散，对工作冷漠，当然就不会有什么发明创造，潜在能力也无所发挥；你不关心别人，别人也不会关心你；你自己垂头丧气，别人自然对你丧失信心；你成为这个职业群体里可有可无的人，你也就等于取消了自己继续从事这份职业的资格。可见，培养职业热情，是竞争至关重要的事情。

首先，你要告诉自己，你正在做的事情正是你最喜欢的，然后高高兴兴地去做，使自己对现在的职业很满足。

其次，你要表现热情，告诉别人你的工作状况，让他们知道你为什么对这项职业感兴趣。

事实上，每个人都有理由充满工作热情，不论是作家、教师、工程师、工人、服务员，只要是自己认为理想的职业就应该是热爱的，热爱也就自然珍惜。但有些职业在经过深入了解以后，可能会感到无非如此，自己用不着付出多大努力，已是绰绰有余，便以例行公事的态度从事之。这样问题就出来了。你虽然热爱自己的职业，却不知道怎样把职业掌握在自己手里。其实，再熟悉的职业，再简单的工作，你都不可掉以轻心，都不可没有热情。如果一时没有热情，那么就强迫自己采取一些行动，久而久之，你就会逐渐变得有热情。既然你相信自己从事的职业是理想的，就千万别让任何事情阻碍了你的工作。

世上许多做得极好的工作，都是在热情的推动下完成的。关键所在，是要有把工作做好的热情，并能善始善终。

你常常会遇到这样的情况，有的职业，你认为是很好的，也蛮有工作热情，可常听到种种非议，给你泼冷水。这时，你如果自己把握不住，就

会把一份好端端的职业断送掉。应该承认这种因素是客观存在的,但只是影响热情的外在原因,保持热情的内因是良好的心理素质。要相信你认为好的,与其担心别人的评论,不如设法完成你所择定的事情,创造出无可争辩的成绩,让人刮目相看。

有这样一个故事:一个青年,他经常坐火车、轮船到远方旅行。每次在船车中,他总是随身带些读物,如袖珍书本、函授学校中的讲义,他利用别人很容易浪费掉的零星时间读书,积累知识,以求进步。通过这样日积月累,他掌握了更多的知识,包括历史、文学、科学,等等。这些知识虽然一时用不着,但是,总有用得着的一天。后来,这个年轻人应聘一所大学的讲师,他凭着自己丰富与广博的学识被学校录取了。后来他对朋友说,多亏几年的读书。

平时不用功,临危抱佛脚,这种学习态度要不得。不论你工作多忙,在工作之余或睡觉前,你完全可以腾出 10 分钟读书。那些老说自己没时间读书的人,其实是为自己找借口。你可以把时光浪费在闲聊中,无限空虚的感叹中,为什么不能整理自己的情绪读一下书?读书使人增加知识,勤奋读书的人,比起那些有天赋但不读书的人更有修养,取得成功的几率更高。如果你有一种孜孜不倦以求进步的精神,你就会超越别人,超越那些天赋比你高不读书的人。

有的人或许以为利用闲暇的时间来读书会牺牲自己的其他时间,或者影响工作,这样的想法是错的。读书的作用之大,对于人的一生来说,太重要了。生活竞争日趋剧烈,生活情形日益复杂,如果你没有学识,你就有可能被这个社会淘汰出局。

当然,也许你会这样想,把时间放在读书上,岂不是浪费了做大事的时间?其实不然,这里说的是叫你每天腾出 10 分钟读书,不是叫你整天读书。10分钟虽少，但可以集腋成裘，日积月累，充实你的知识宝库，渐渐地推广你的知识地平线。将一分一秒的闲暇时间，换来种种宝贵的知识。使你得以上进，这种机会难道你忍心放弃吗？

耶鲁大学的校长海特莱曾经说："各界的人，如商业界或产业界中的人，都曾告诉我：他们最需要、最欢迎的大学生，就是那些有选择书本的能力及善用书本的人。"

养成每天读10分钟书的习惯。这样每天10分钟，20年之后，你的知识水平一定判若两人。只要你所读的都是好的东西。假使你真有求知之饥渴、努力学习的热望，你总会挤出时间来的。

内心强大的秘密

职业生涯瞬息万变，尤其是科学技术日新月异，你必须顺应时代潮流，掌握新的学习方法，以及比过去任何时候都更加有效地思考问题和交流信息的能力，才能机动灵活地适应未来的工作。

在相同的时间做出不同的事

一位名人说过，昨天是一张过期的支票，明天是一张尚未兑现的期票，只有今天才是可以流通的现金。只有今天才是我们惟一可以利用的时间，好好珍惜今日，善加利用吧。

在森林里，阳光明媚，鸟儿欢快地歌唱着，辛勤地劳动着。其中有一只寒号鸟，有着一身漂亮的羽毛和一副嘹亮的歌喉，便到处去卖弄自己的羽毛和歌声。看到别人辛勤地劳动，反而嘲笑不已。好心的百灵鸟提醒它说："寒号鸟，快垒个窝吧！不然冬天来了，你怎么过呢？"

寒号鸟轻蔑地说："冬天还早呢，着什么急呢！趁着现在的大好时光，快快乐乐地玩吧！"

就这样，日复一日，冬天眨眼就来了。鸟儿们晚上都在自己暖和的窝里安然地休息，而寒号鸟却在夜间的寒风里，冻得瑟瑟发抖，用美妙的歌喉悔恨过去，哀叫未来。

第二天太阳出来了，万物苏醒了。沐浴在阳光中，寒号鸟好不惬意，完全忘记了昨天夜里被冻的痛苦，又快乐地歌唱起来。

有鸟儿劝它："快垒窝吧！不然晚上又要挨冻了。"

寒号鸟嘲笑说："不会享受的家伙。"

寒冷的夜晚又来临了，寒号鸟又重复着昨天晚上一样的故事，就这样重复了几个晚上，大雪突然降临，鸟儿们奇怪寒号鸟怎么不发出叫声了呢？太阳一出来，大家才发现，寒号鸟早已被冻死了。

"明日复明日，明日何其多？我生待明日，万事成蹉跎。"今天你把事情推到明天，明天你又把事情推到后天，一而再，再而三，事情永远没个完。只有那些善待今日的人，才会在"今天"奠定成大事的基石，孕育"明天"的希望。

每个人从生到死的时间都是差不多的，但是，在相同的时间里，有些人能够做很多事情，效率很高，而另一些人却只能做极少的事情，没有成就。原因就是因为他们不懂得珍惜时间，没有养成充分利用时间的好习惯。

时间是平凡而常见的，它从早到晚都在运行，无声无息地，一分一秒地运行着。而时间又是宝贵的，是每个人生命中最宝贵的东西。

人们要成大事，首先要利用好自己的时间，养成合理利用时间的好习惯，因为良好的时间习惯对你的一生有无穷的回报。

时间就是金钱，只有重视时间，才能获取人生的成功。

巴尔扎克说："时间是人的财富、全部财富，正如时间是国家的财富一样，因为任何财富都是时间与行动之后的成果。"巴尔扎克是怎样珍惜和利用时间的呢？让我们看看巴尔扎克普通一天的生活吧！

午夜，墙上的挂钟敲了十二响，巴尔扎克准时从睡梦中醒来，他点起蜡烛，洗一把脸，开始了一天的工作。这是最宁静的时刻，既不会有人来打扰，也不会有债主来催账，正是他写作的黄金时间。

准备工作开始了，他把纸、笔、墨水都放在适当的位置上，这是为了不要在写作时有什么事情打断自己的思路。他又把一个小记事本放到写字

台的左上角,上面记着章节的结构提纲。他再把为数极少的几本书整理一下,因为大多数书籍资料都早已装在他脑子里了。

巴尔扎克开始写作了。房间里只听见奋笔疾书的"沙沙"声。他很少停笔,有时累得手指麻木,太阳穴激烈地跳动,他也不肯休息,喝上一杯浓咖啡,振作一下精神,又继续写下去。

早晨8点钟了,巴尔扎克草草吃完早饭,洗个澡,紧接着就处理日常事务。印刷所的人来取墨迹未干的稿子,同时送来几天前的清样,巴尔扎克赶紧修改稿样。稿样上的空白被填满了密密的字迹,正面写不下就写到反面去,反面也挤不下了,就再加上张白纸,直到他觉得对任何一个词都再挑不出毛病时才住手。

修改稿样的工作一直进行到中午12点。整个下午的时间,他用来摘记备忘录和写信,在信上和朋友们探讨艺术上的问题。

吃过晚饭,他要对晚饭以前的一切略作总结,更重要的是,对明天要写的章节进行细致缜密的推敲,这是他写作中一个非常重要的环节,一个必不可少的步骤。晚上8点,他放下了一切工作,按时睡下了。

这普通的一天,只是巴尔扎克几十年间写作生活的一个缩影。从此,我们不难看出一个人要想取得成就,就必须养成珍惜时间的习惯,因为时间是走向成功的保证。

有许多人生活了多年还没弄清时间的价值。其实,我们每个人的时间都是有限的,然而,我们却可以掌握对时间的需求,并更有效地利用我们能够自由支配的时间。

谁掌管着我们能自由支配的时间?通常来说,你的时间是根本不自由的。因为你把自己紧紧束缚在别人的议事日程上,盲目地追随着,繁杂的事务,不管它对你是不是有益处。

为了避免这种现象,你必须管理好你的生活——也就是管理好你的时

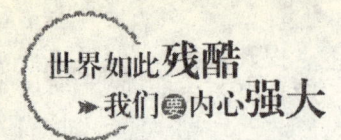

间。以下是为了使你能更好地管理好你的时间而提出的建议。

（1）合理支配赢得的时间

如果你按本书中所有的建议去做，会省下很多时间。你每天至少可以获得一两个小时的时间另做它用。那么当你拥有这些额外的时间之后，你该怎么运用呢？这是一个很重要的问题，因为如果你不珍惜时间，你的大部分时间也会在不知不觉中浪费掉。

因此，你要把握好自己所节省下来的时间并合理支配。最好制定一个计划来运用这些时间，并分配一定时间用于娱乐方面，去做一些更接近于你个人及职业目标的活动。你只有以相当的毅力才能赢得这些宝贵的时间，所以一定要运用得当。

（2）每天作好计划

没有哪一位足球教练不在赛前向队员细致周密地讲解比赛的安排和战术，而且事先的某些计划也并非一成不变，随着比赛的进行，教练会根据赛情作某些调整。重要的是，开始前一定要作好计划。

你最好为你的每一天和每一周订个计划，否则你就只能被迫按照不时放在你桌上的东西去分配你的时间，也就是说，你完全由别人的行动决定你办事的优先与轻重次序。这样你将会发觉你犯了一个严重错误——每天只是在应付问题。

为你的每一天定出一个大概的工作计划与时间表，尤其要特别重视你当天应该完成的两三项主要工作。其中一项应该是使你更接近你最重要目标之一的行动。在星期四或星期五，照着这个办法为下个星期作同样的计划。

请记住，没有任何东西比事前的计划能帮助你把时间更好地集中运用到有效的活动上来。研究结果证实了一个反比定理：当你做一项工作之时，你花在制定计划上的时间越多，做这项工作所用的时间就会越少。不要让一天繁忙的工作把你的计划时间表打乱。

(3) 按日程表行事

为了更好地实施你的计划，建议你每天保持两种工作表，而且最好在同一张纸上。这样一目了然，也便于比较。

在纸的一边或在你的记事本上列出某几段特定时间要做的事情，如开会、约会等。在纸的另一边列出你"待做"的事项——把你计划要在一天完成的每一件事情都列出来。然后再审视一番，排定优先顺序。表上最重要的事项标上特别记号。因此，你要排出一、两段特定的时间来办理。如果时间允许，再按优先顺序尽量做完其他工作。不要事无巨细地平均支配时间，要留有足够的时间来弹性处理突发事项，否则你会因小失大完不成主要工作。

"待做事项表"有一项很大的特点，那就是我们通常根据事情的紧急程度来排定。它包括需要立刻加以注意的事项，其中有些很重要，有些并不重要，但是它有一个缺陷，通常不包括那些重要却不紧急的事项，诸如你要完成但没有人催你的长远计划中的事项和重要的改进项目。

因此，在列出每天"待做事项表"时，你一定要花一些时间来审阅你的"目标表"，看看你现在所做的事情是不是有利于你要达到的主要目标，是否与其一致。

在结束每一天工作的时候，你很可能没有做完"待做事项表"中的事项，不要因此而心烦。如果你已经按照优先次序完成了其中几项主要的工作，这正是时间管制所要求的。

不过这里有一项忠告：如果你把一项工作（它可能并不十分重要）从一天的"待做事项表"上移到另一天的工作表上，且不只是一两次，这表明你可能是在拖延此事。这时你要承认，你是在打马虎眼，不要再拖延下去了，而应立即想出处理办法并着手去做。

你最好在每天下班前几分钟拟定第二天的工作日程表。对于那些成功的高级经理人员来讲，这个方法是他们做有效的时间管理计划时最常用的一个。如果拖到第二天上午再列工作计划表,那就容易做得很草率,因为那时又面临新的一天的工作压力。这种情况下排定的工作表上所列的常常只是紧急事务,而漏掉了重要却不一定是最紧急的事项。

帕金森教授说得不错,纷繁的工作会占满所有的时间。

避免帕金森定律产生作用的办法似乎很明显:为某一工作定出较短的时间,也就是说,不要将工作战线拉得太长,这样你就会很快地把它完成。这就是你为什么要定出每日工作计划的目的所在。没有这样的计划,你对待那些困难或者轻松的工作就会产生惰性,因为没有期限或者由于期限较长,你感觉可以以后再说。如果你只从工作而不是从可用时间上去着想,就会陷入一种过度追求完美的危机之中。你会巨细不分,且又安慰自己已经把某项次要工作做得很完美,这样做的结果只能是主要目标落空了。

内心强大的秘密

每个人从生到死的时间都是差不多的,但是,在相同的时间里,有些人能够做很多事情,效率很高,而另一些人却只能做极少的事情,没有成就。

只有终身学习，才能适应社会发展

  人类在发展初期，由于征服自然的能力十分低下，难以逾越地理上的险阻，因此不仅文化交流的范围很小，而且交流的速度也十分缓慢。几乎每一样新的发明，都只能在很小的圈子里传播，甚至有时还常常得而复失，正如马克思所说的那样："每一种发明在每一个地方都必须重新开始。"所以，在人类漫长的三百万年的历史过程中，竟有99%的时间是原始社会（即旧石器时代）。那时，人类在各自的诞生地生活，活动的地域不广，文化交流发展之慢，是可想而知的。"从旧石器时代的遗址中，我们可以发现，那些有了良好环境的人类是不愿意迁徙辗转的，而愿意定居一地。在过去的一百万年中，只有当天气变化无常、食物短缺、战争的侵袭，人类才不得不离开他们的居住地。"

  随着历史的发展，这种情况逐渐有所改观。有人曾作过推算，古代两河流域的文化，是以每年一公里的速度向欧洲推进的。到了铁器时代，人类征服海洋的能力大大增强，在"丝绸之路"之后，又出现了"海上丝绸之路"。此外更有汉代的楼船远航印度洋、明代的郑和七次下西洋、哥伦布发现了美洲新大陆、麦哲伦的船队环球航行等壮举，人类文化交流的速度大为加快。到了蒸汽机时代，人类从海上和陆地将地球完全打通，世界迅速地缩小，人类的文化开始在全世界的范围内得到了空前规模的交流。

文化发展到今日,其速度已经到了一日千里的程度。如今的电子信息时代,是人类发展历史上的一次革命,它把人类的文明带到了一个崭新的境界。"随着高科技和现代交通运输的高度发展,再加上空前的人员、物质的大流动,使得世界各民族精神财富的生产、传播、交流、影响的形式、速度、质量、数量都发生了革命性的变化。"

"而在当代,电话、电视、计算机网络、卫星通讯能在极短的时间内把某种信息迅速地传遍全球。正是这种革命性的变化,使得文化开放成为不以人的意志为转移的大趋势。"随着文化,特别是科学技术日新月异的发展,知识更新的周期越来越短,据统计,在18世纪,知识更新的周期为80~90年;在19世纪至20世纪初,知识更新的周期就迅速地缩短为30年;到了近50年,更新的周期又缩短为15年;如今在某些领域,知识更新的周期已经缩短为5~10年了。面对信息网络全球化这种咄咄逼人、飞速发展的形势,任何一个国家和民族都必须加强紧迫感与危机感,因时顺势,大力开展文化交流,及时引进先进的文化,紧紧跟上人类文化进步的步伐。

吉格先生在纽约市卡耐基学院当讲师时,他曾经遇到了一位六十多岁的杰出推销员叫爱德。爱德做的是广告生意,他的年薪有七万五千美元。这笔收入在当时是一笔很大的数目。一天晚上,吉格先生下课后跟他闲聊时,诚恳地问他:"为什么你要参加三位讲师合上的班级,而三位讲师的薪水加起来还没有你的多。"爱德笑着回答说:"吉格,我告诉你一个小故事。

"当我还是小孩子的时候,有一次,我父亲带我到我们的花园去了一趟。父亲可能是邻里中最好的园丁,他喜欢在花园里工作,并且以此为荣。我们走了一趟以后,父亲问我学到了什么?当时我惟一见到的事情就是父亲显然在花园中做了许多工作。这时,他有点不耐烦地说:'孩子,

我一直希望你能观察到,只要蔬菜是绿的,它们就能生长,一旦成熟,它们就开始枯萎。'"

彼得·杜拉克说得好:"知识必须经过不断的改良、挑战与增加,否则,它就会消失。"

我们会花钱去修饰我们的外貌,但有多少人会注意到要花同样的代价去修饰我们的头脑?我们应该定期地读书学习来满足精神的饥渴,不断地为自己充电加油,这样,我们成功的机会就越大。

一个人在饥饿的时候,他自然而然地靠吃饭来解决这个问题。我们每天填饱自己的肚子,我们又该怎样充实我们的心灵?大部分人都是在意外或偶然的情况下才会充实它。例如,在很方便或没有其他事可做的时候才会这样做。我们平时常常说没有时间,这是一个可笑的借口,如果我们每天有时间去填饱肚子,那么我们是不是也应该花点时间来充实那几乎是无价的头脑部分呢?

在许多场合,我们会遇到一些沮丧、消极、失败、忧郁、破产,以及不快乐的人,这些人是属于消极阶层,却又都不愿意充实他们的心灵。他们都迫切需要知识、信息与灵感,但是,他们却一直拒绝参加研讨会或是阅读好书、听录音。我们倾听这些人的谈话真是有趣,也许我们该用"悲剧"这个词来形容。当我们提到成功的人,并谈到他们如何乐观与积极时,消极失败的人会说:"他们的积极与乐观一点也不值得奇怪,因为他们一年赚五万美元。如果我一年能赚五万美元,我也会积极的。"消极失败的人认为,成功的人每年赚五万美元,所以他们会很积极。这显然是因果倒置。成功的人之所以能够每年赚五万美元,是因为他们有正确的心理态度。

真的,在每一个行业,不论是法律、医药、销售、数学、科学与艺术,那些达到高峰或快要达到高峰的一流人物,都会定期参加研讨会。他们阅读好书,定期听录音,并积极寻求资料、信息与灵感,结果,他们一直都在成长中。

为什么成功的人是积极的呢?反过来说,为什么积极的人是成功的呢?他们之所以积极,是因为他们定期地以"良好、有力、积极的精神思想"来充实自己的心灵。就像食物是身体的营养一样,他们也不忘每天补充精神食粮。

所以,任何人在今天都不敢说:我的知识已经够用了。在信息时代,我们每个人都要确立终身学习的习惯和决心。只有终身学习,不断接受新知识,才能适应社会的发展,不断走向成功。

内心强大的秘密

在信息时代,我们每个人都要确立终身学习的习惯和决心。只有终身学习,不断接受新知识,才能适应社会的发展,不断走向成功。

一个优秀的人不会放过任何一次学习机会

有一幅漫画，画上画着一只木桶，木桶的边缘参差不齐，桶中的水便从最短的那块板的缺口流了出来。漫画的寓意不言自明，参差不齐的木桶边缘便象征着一个人的各种能力，没有一个人能达到十全十美，正所谓"金无足赤，人无完人"。一个水桶无论有多高，它盛水的高度取决于其中最短的那块木板，一个人的综合素质能力便符合这个"木桶理论"。每个人都或多或少的存在着一些短处，正如你或多或少地拥有着自己独特的长处一样。木桶的木板越长，装的水就越多。对于一个人来讲也是如此，时刻想着把自己最短的那块"短板"补齐，让"长板"更长，这样才能不断进步，提高你自身的综合能力，才不会陷入职业的危机。

每个人都有他的"长板"与"短板"，即优势和劣势。在职场中，能够善于发挥优势，积极补足劣势，这便是最大的优势。一个人的优势与劣势决定着他的前途与发展，俗话说"好钢才能够用在刀刃上"，能把自己的优势自由发挥出来，才能做到人尽其才。但是无论你的"长板"有多长，如果你的"短板"比较短的话，那么它将会常常拖住你的后腿，成为你成功路上最大的牵绊。因此，在你注重自己的优势时，别忘了时刻改正缺点，弥补劣势，补齐你的"短板"。

世界如此残酷 我们要内心强大

富兰克林当年就有过一段补"短板"的故事。

有一天，富兰克林在林间散步，突然警觉到，自己怎么经常会失去一些朋友呢？经过仔细反思然后找到原因，原来是自己太争强好胜，所以始终跟别人处不好。

于是，在新年的前几天，他大致拟定当年度计划后，又坐下来列了一张清单，把自己了解的性格上所表现出来的一切缺点全部列在上面，从最致命的缺点到不足挂齿的小毛病一一列出，然后重新依次排列了次序。他下了极大的决心要在新的一年里改掉所有缺点。每当他彻底改掉一个毛病，就在单子上把那一项划去，直到全部删完为止。结果，他成了美国最得人心的人物之一，受到大家的尊敬和爱戴。

当殖民地十三州需要法国的援助时，上级派富兰克林去求援，法国人对他的印象奇佳，他果然不负使命，顺利完成任务。

如果富兰克林不对自己的个性加以检讨，依旧我行我素。如果他也和别人一样，放纵自己的天生个性不管不顾，如果他仍然不改争强好胜的毛病……那么，他绝不可能成功地争取到法国的援助，而整个美国历史也将改写了。

我国的钟道隆将军也是一个善于弥补自身不足的人。钟道隆是解放军通信领域的一名技术专家。在45岁那年，他随团出国考察，深感自己外语水平太差，拖了他的后腿。于是他下决心学习英语。从此，钟道隆将军坚持每天听写20页，三年里听写的记录稿放了一柜子，听坏了录音机9台、收音机3台、单放机4台。功夫不负有心人，经过不懈的努力，他不仅达到了能听能说能翻译的水平，还编写出版了《英语学习逆向法》、《听遍全世界》等书，发明了复读机。

在52岁那年,面对现代信息技术的蓬勃发展,钟道隆将军又敏锐地感觉到自己对电脑方面已经力不从心。面对这种高科技的产物,他几乎一窍不通。于是他又发愤学习电脑。通过努力学习,他不仅能熟练使用电脑,还写出了《巧用电脑写作与翻译》等书,发明了"钟氏输入法"。

德国著名作曲家舒曼说过:"勤勉而顽强地钻研,永远可以使你百尺竿头更进一步。"钟道隆将军走的就是这样一条路,他锐意进取,勇攀高峰,不断补齐自己的"短板",长久保持了创造的生机和活力。

明确自身的长处与短处,让短处不短,让长处更长,这是职场上避免职业危机的最好方法。不断努力学习是一个人补齐"短板"、让优势更优的最佳途径。而学习的最大敌人是自满。我们应该经常对自己的心灵进行"清仓"、"盘点",看看自己学了多少知识,自己在哪些方面还可以,哪方面还不行,自己最大的优势是什么,自己最薄弱的地方是什么?这些在心里都应该有个数。

在职场上,我们的工作每天都有新的情况,面对新的事物,面临新的挑战,学习与工作相伴,工作就是学习。能够适应工作,实现自我而不被企业淘汰,靠的是实力,而实力来于自身的优势,也就是所谓的"长板"。但是,如果因为你的"短板"而拖了你的后腿,就有可能在竞争中被淘汰,陷入职业的危机中,可谓得不偿失。所以,即使现代社会的机会再多,如果你不能及时弥补你的劣势的话,那么你也必然会逐渐落后于社会。所以我们必须时刻为自己充电,弥补不足,让优势更优。

在实际工作中,一个优秀的人是不会放过任何一次学习机会的,即使自己掏腰包接受再教育也在所不惜。因为他们知道,不断充电就是在逃离危机。

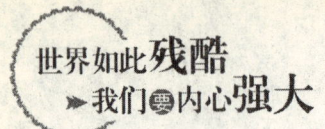

所以，不论你是久经沙场的职场老手，还是刚刚迈入社会的职业新人，要想获得晋升加薪、想为自己争得一席之地，最佳的途径莫过于弥补你的不足，让你的优势更优，这样才不至于掉进职业危机的泥淖。

内心强大的秘密

一个优秀的人是不会放过任何一次学习机会的，即使自己掏腰包接受再教育也在所不惜。因为他们知道，不断充电就是在逃离危机。

干什么事都要精通，成为行家

加入WTO后，竞争，尤其是热门职业的竞争更加激烈。各人都有自己的择业目标，那么，求职是否有捷径呢？有，这就是精通业务和善于学习。

美国著名经营学者乔·马拉斯和戴维·霍拉斯在《成功的奥秘》一书中讲述了这样两个故事：有个南非的农场主，一心想发大财，于是，卖掉赖以为生的农场，离乡背井去找钻石。结果钱花光了，钻石还未找到，沦为乞丐。可叹的是，那个买主就在他的旧农场里找到了钻石矿。正当买主大发钻财的时候，老农场主在贫困交加中默默去世。

有个南美的寡居女农场主，做梦也想让儿子成为矿物学家，赚大钱。她含辛茹苦地把儿子送进大学，获得了学位。儿子毕业后，在一家石油公司找到一份工作，回家后，卖掉农场，把母亲接到城市，去发展他的事业去了。可惜的是，新的农场主在他母亲经常挤进挤出的一道狭窄石门旁，发现了两道发亮的痕迹，于是找专家化验，证实是金矿石，进而找人钻探，发现了一个大金矿，且是世界上最富金矿之一。

这两个故事告诉我们，有些人脚下有钻石，身边有黄金，却身在宝中不识宝，硬是要离开本行，远走高飞，去图什么大财，结果让大好机会白白从眼皮底下溜走。

　　知名度较高的中外企业家，大多数是在本行获得成功的。比如全球首富比尔·盖茨，微软公司能雄霸天下，与盖茨本人就是个软件设计高手息息相关。再比如，美国的汽车大王福特，从第一眼看见路上行走的机械开始，他就发誓要发明代替人力的运输工具，于是从机械厂学徒开始，17年如一日，与机械打交道，不断摸索、改进，终于创造出当时世界上跑得最快的汽车，自己也成为福特汽车公司的大老板。又如，香港的"药材圣手"姚云龙，开始在药店当学徒，后来与师兄弟合开药店，最后，自己独开药行，最终成为香港和台湾以及东南亚最有名的中药行拥有者。再如，四川的刘延登，17岁那年，揣着9.2元钱到广州闯天下，被一家机制砖瓦厂录用。他一边当苦力，一边钻研如何使产品出得好，出得快。由于他干得出色，不久便成为工头。继而，他借钱承包了砖瓦厂，当年就赚了200万元。以此为基础，他进一步扩大经营，不到10年时间，他属下的企业资产达到上亿元，成为全国最大的私营企业之一。这类事例，举不胜举。

　　为什么精通本行容易获得成功呢？

　　（1）容易赢得客户的信任

　　在生意场上，一个经销者如果能对自己的商品了如指掌，不但能说出它的每一道工序及工钱，它的用料及价格，还能说出它跟其他同类产品相比独有的特点与优点，又能正确而熟练地回答客户的质疑，那么，只要价格合理，客户定会欣然向他订货的。为什么？因为他在客户心目中是一个行家里手，客户自然地对他的商品建立起了信任感。相反，如果一个经销者对自己所经销的商品，一问三不知，对用料、工序和特性等说不出个所以然，那么，十有八九客户会摇头。

　　（2）容易赢得属下的拥戴

　　经营实践表明，一家企业要搞好，属下员工真心拥戴领导，与领导同心协力，至为重要。而领导赢得属下真心拥戴的最重要一着，是本身的业务精通，技术过硬。拍立得跨国公司的老板蓝得，是一个尚未毕业就投身光学研究的人。他从获得的光的偏极板专利开始，到发明立刻线等，至今拥有240多项发明。他是国际上公认的光学权威。在自己创办的拍立得公司里，从副手到司机，上上下下，无不对他非常尊敬，打心底竭诚拥护。因而，他的公司精诚团结，成就惊人。有专家统计，在20世纪30年代公司初期，买他的100美元股票，现在已经升值30多万美元。

(3) 在熟悉的本行做生意不易上当受骗

生意场上，欺负生手是人人皆知的，而本行生意则可能少吃一些亏。有位先生原来在纺织系统工作的，前几年随着潮流下海弄潮，听说做塑料原料生意很好赚钱，就挂起化工原料公司的牌子。第一次，他做国外进口原料，因为型号搞错，贵进贵出，亏损10万元。第二次，他进了走私货，本想扳回第一次的老本，大大捞一笔，谁知请内行的朋友一看，是假货。他想追损失，但是，走私者早已携款逃之夭夭。就这样，他东拼西凑弄来的50万元本钱，只两下就化为泡影。

所以，干什么事都要精通业务，成为行家。当然，说本行容易成功，关键在于一个"精"字。所谓"精"，就是对本行的技艺、事务都要精通，且要有过人之处，有独到之处。如何做到这一点，最根本的一点是虚心学习，博采众长。

内心强大的秘密

干什么事都要精通业务，成为行家。如何做到这一点，最根本的一点是虚心学习，博采众长。

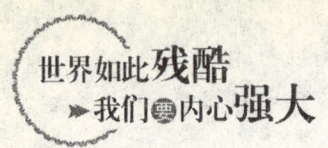

书,既是我们的益友,也是我们的良医

　　社会生活的发展变化,使很多人变得浮躁,整天急急忙忙在生活中寻找自己的出路,很少有人能够静下心来读读书。人们离书越来越远的时候,读书就越来越成为了一件高雅和超然的事情。换了装帧、变了价格的书出了书店,进入商店,渐渐地就成了购物者"品味"的象征;又有人学着流行歌曲的样子,把新旧书目也列成"排行榜",引导着读者们认清书的时髦与落伍;还有些人虽然早已无心看书,但因确曾读过些书,长久不读又颇惶惶然,于是就专门辟出一个书房,置买些精装书籍,也落得个"书香满室"的坦然。

　　中国人读书历来讲究很多,过去的文人还会弄出些"净手焚香"、"红袖添香"的韵事来。那时候,读书的确是一种很高雅的行为,不是能随意为之的,因此,书成了文人们脚下的台阶和手里的招牌,书使他们总是能满怀优越感地居高临下。而"书中自有黄金屋"这样的名言表面上看似超脱,仔细想来也极具功利性,它给人的感觉是:读书可以达到某种目的,或替代某种目的,而读书的乐趣也正在于获得了目的的变通。读书是人生的一大乐趣,可是也有境界高低之分。

　　人的悟性不同,所达到的境界也不同。

　　第一境界:尽信书。刚开始的读书人,觉得书里讲的都是对的。道理

很简单,白纸黑字在那里,那还有假?不过这时的人,读书是为了功利,为了前途读书,书读过用后就忘。这是读书的最低境界。

第二境界:乱读书。这时的读书人,因为喜好而读书,一看见书,就有读的欲望,不管书的内容适合不适合自己,是书就读,囫囵吞枣。读的书积在肚子里,消化不了,却以读书多而沾沾自喜。

第三境界:怀疑书。这时的读书人读的书精而专,有了自己的看法。开始了横向比较,发现了书中的错误。开始觉得写书人也不对,开始对书中的错误挑刺,每发现一处前人没有发现的错误,就高兴得睡不着觉。

第四境界:理解书。这时的读书人,因为精研,理解了写书人的心,不再吹毛求疵,将心比心,与作者有心心相印的默契,知道了立言的难处。

第五境界:不看书。这时的读书人,对一切融会贯通,放眼书林,不过是那些话在换说法,看一切书,犹如晴空皓月。

其实读书本身并未见得怎样地超凡脱俗,所有的神秘与雅致都来自于字里行间的精妙,而阅读的行为,实在只不过是一种习惯;至于读什么、怎么读,每个人则又各不相同。都说"需要是最好的老师",我们总是挑那些离我们最近的和最感兴趣的文字来读,免不了的,在某一天就会感叹:"书到用时方恨少。"就像饮食营养不均衡会导致身体出问题一样,阅读的偏颇和经历的局限,也会使我们难以极目远望。而世界则在一刻不停地,纷繁地变化着,我们从书上阅读来的或许是最深刻、最重要的东西,但那些更鲜活、更灵动的部分转瞬即逝,却又是我们身边不可错过的风景。人类的历史越漫长,需要阅读的文字就越繁杂。在今天,除了纸上的文字,可以参看的还有网上信息、电视、电影等,它们不同于书,不同于阅读,但却极易形成习惯,而且,虽有浮躁之嫌,但的确能在最短时间内提供最大量的、最丰富的信息。

但读书的习惯还是会存在于很多人的生活里,学无止境也罢,附庸风雅也罢,这习惯总归是有益无害的,只是别用书做幌子,似乎沾点笔墨就可以脱胎换骨,甚至有些教女人美容的篇章里也特别提到读书,好像它比健身操和化妆品还要功效显著,可以使女人在青春长驻之外还可魅力永存。但这些作者却都没有提醒女人,阅读不可能像化妆品和换衣服那样,让她们在瞬间变得光彩照人;而且在长年累月的阅读之后,伴随着品位与气质或多或少的变化,更不可避免的可能将是眼镜、眼袋和发涩的眼睛。

所谓"读一本好书,就如同和许多高尚的人谈话",也不过是读过之后的回味。今天读书已是人人可为之事,谁都可能有阅读的习惯,不过有人看晚报上的社会新闻,有人看大部头的深奥论著,虽说差异极大,但获得的快乐却是一样的。

一旦成为习惯,阅读自然就是必需的了,用不着包装的矫情,它就像是我们经常见面的朋友,分手时随口说一句:"明天还在这儿,不见不散。"

一切就是这么简单。阅读并不能直接让我们获得多少实惠,它只不过是一种习惯,一种好的习惯。

高尔基说:"书是人类进步的阶梯。"如果我们把它理解为"书是人类养怡之良师",也没有什么大错。古人在读书学习的时候,有"书中自有黄金屋,书中自有颜如玉"之说,这当然是"读书至上的偏颇,但在浩浩书海中,确实有不少教人清心寡欲、养生怡性的篇章。且不说专讲养生的论著,仅读一读那些脍炙人口的诗文,往往就会令人俗念顿消、心安神泰、通体舒展。"

因此,我们行养怡之道,应该将读书作为不可或缺的一项。人生在世,岂能事事称心,处处顺遂?在有悖于本意之际,如果将苦闷郁结于心而久久不能释怀,就极易生病。假如我们读一读于谦的诗句:"书卷多情似故人,晨昏忧乐每相亲。眼前直下三千字,胸次全无一点尘。"难道不会与其产生共鸣而摒弃种种烦恼吗?英国哲学家宾穆尔说:"一间没有书的屋子,正如一个没有窗户的房间。"如果我们能与书为友,便是有幸居

于窗明几净、空气清新的雅室,不致坠入黄庭坚所谓的"人不读书,则尘俗生其间"的秽境。

歌德写出了《少年维特的烦恼》一书后,医好了严重的精神危机;纳博科夫完成了《洛莉塔》,也就摆脱了乡土的焦虑……他们都能对症下药,使自己成为自己心灵上的医生。而大家更为熟悉的鲁迅,他本人曾经学医,尔后更是我们这个民族的不朽"名医"。他为我们民族中的不完善之处,开出了一张又一张方子。《狂人日记》是药,《阿Q正传》是药,《药》是药。良药苦口利于病,所以鲁迅的文章的确是很难读的。既然作为药,当然也就不朗朗上口,不是小吃零食。

而书,对于读书人而言,起码是这一剂药。一剂能医俗的药。用心读书,即能医俗。就像目前卫生界在严禁假药一样,我们读书之际也要用心。书尽管无真假之说,但伪书、劣书,也有很多。

读书是迅速获得知识的法宝,它可以使我们足不出户就能够深刻地了解整个世界,它可以提高我们的生活品质,是对我们人生的完善。而身心皆健应是人生的最佳状态,西汉文学家枚乘的名赋《七发》中那个楚太子,"久耽安乐",致使"百病咸生"。假使他对物质享受有所节制,抽点时间,找点空闲,带着疑惑,常把书看看,通"天下之精微",晓"万物之是非",哪里还会有"大命乃倾"的厄运。

要阅读各种成功人士的传记和自传。当我们阅读亨利·福特、林肯、爱迪生、卡耐基、华盛顿等人的故事时,要想不受感动是很困难的。我们以这些故事中的人物为榜样来激励自己,这样我们就会在许多方面获得提升。当我们见到他们的成功,也会告诉自己同样能够获得成功。

英国著名的戏剧家莎士比亚曾说过:"书籍是全世界的营养品,生活里如果没有书籍,就好像是大地上没有阳光;智慧里如果没有书籍,就好像鸟儿没有了翅膀。"

法国杰出的文学家司汤达说:"读书使我在普遍的野蛮中有了恢复文

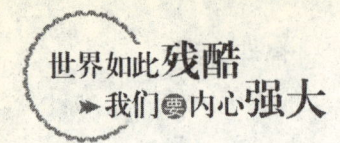

明的感觉。"

俄国唯物主义哲学家赫尔岑说:"书是这一代对另一代的精神上的遗训。"我们权且将其所言的"精神",狭隘地理解为生理意义上的"精神"。那么,通过读书,我们总会辩证地汲取对养怡有益的教诲,常使胸中无块垒,性情豁达,神态怡然,再辅之以其他的手段,我们的身体自然会棒棒的。除书之外,报章杂志,对联碑帖,大凡有益于开阔胸襟,远离俗物,引人求宁静、生雅趣之读物,尽可捧来一饱眼福,一清神志。书,既是我们的益友,也是我们的良医。

人类善忘,书籍也许是科技方面最伟大的成就之一。它把荷马、柏拉图、狄更斯、马尔克斯等人的文字送到我们的书房和床边。自从发明了纸张和印刷术以来,死人也可以说话了,可以向千万人说话。英国哲学家培根在 1905 年曾说:"如果船的发明被认为十分了不起,因为它把财富货物运到各处。那么我们该如何夸奖书籍的发明呢?书像船一样,在时间的大海里航行,使相距遥远的时代能获得前人的智慧、启迪和发明,书籍是人类大部分知识的记录、催化剂和刺激品。"

一本好书可以改变无数人的命运。

晚上回到家后,先不要忙着打开电视机,你可以在家里为自己辟出一个安静的地方,放上一段美妙的乐曲,找一本自己喜爱的书籍,好好享受一下安静和温馨的感觉,听一听自己心灵的感觉。这时候,你的思想就放松了,心情就平静了。你的心灵不再受到欲望的困扰,你不再会担忧或有其他的烦恼。

有一种东西正在泛滥,它在影响和削弱着我们的思考力,它的名字叫信息。每天每时每刻,这些随时由各处涌来的信息,把我们头脑里的每一个角落都塞得满满的,把我们的知识和理解力都挤了出去,使我们不能专心考虑当前的问题。

现在是信息过剩的时代,要想逐一过目、处理所有信息,就得消耗你

大部分的精力，无暇顾及工作、家务、爱好等。这种情况如果持续下去，就会因过度紧张而导致行为反常。这种信息过剩难以处理的环境被称为"超负荷环境"。

那么书籍和信息的区别在哪里呢？

"书有长久的价值。"当天的报纸可能会进垃圾桶，而当天买到的书籍却安然地立在我们的书架上。诗人庞德说："文学是历久弥新的新闻。"书是载运知识的工具，越长久存在就越有价值，而信息传播则靠随时作废而愈益发达。

"书是积累的。"一位作家的新作问世使我们想去读他早期的作品，爱因斯坦的著作诱使我们去读牛顿、伽利略、哥白尼的书。新知识补充旧知识，新信息代替旧信息，就好像是今天的报纸提醒我们昨天的报纸是如何不完善。

"书有焦点。"书告诉我们关于某些事物的具体内容。图书馆是按照书的类型编目的，它有系统性，但报纸和广播则大部分只注意何时，而不注意何事，它们报道昨天以来所发生的任何事情。

"书建立传统。"书是建立文明的砖和瓦。我们在发掘古代名著之际充实了我们自己，然后，我们写出更好的书，传给更多的人，更为深刻，更为长久。

当然，我们生活在信息时代，我们都需要信息。作为公民、消费者，我们需要信息。我们的科学技术人员更需要它，以求赶上时代而不落伍。

因此，问题不在于信息无用，而是在于信息发展太快了，使我们不知所措。更糟糕的是，信息使人上瘾，我们每天都渴望得到它，因此我们不知不觉地花费了大量的时间和精力阅读了许多无关紧要的东西。

结果，我们这个时代便出现了一种追赶潮流的人叫"赶上时代的人"。他们知道的东西很多，但却愚昧，甚至连最基本的常识都不知道。这种人也许知道许多国家元首的私人怪僻,明星的行踪,产油国涨价的威胁,但如果涉及知识的领域,谈及外交政策、经济、政治,他们却茫然无知。

内心强大的秘密

读书的最大好处是,获得未知的知识和技巧、接受他人的经验和教训、提高个人的素质和修养。正如高尔基所说:"书是人类进步的阶梯。"

"充电"是防止能力"折旧"的最有效办法

无论你学了多少知识,它都会累积在你的脑中,成为你自己的东西,永远不会消失!将知识转化为前进的动力,你的远大目标就会近在咫尺,你离成功就会只有一步之遥。

要想达到令人满意的学习效果,必须具备坚实的基础。基础不是一天就可以打好的,它需要一个艰辛的积累过程。"不积跬步,无以至千里;不积小流,无以成江河。"等到"积土成山,积水成渊"之时,也就是你学有所成之时。

有一句名言:"每个人所受教育的精华部分,就是他自己教给自己的东西。"已故的爵士本杰明·布隆迪先生时常愉快地回忆起这句话。他过去常常庆幸自己曾经进行过系统的自学,这一名言同样适用于每一个在文、理科或艺术领域内的成就卓著者。学校里获取的教育其价值主要在于训练思维并使其适应以后的学习和应用。一般说来,别人传授给我们的知识远不如通过自己勤奋学习所得的知识深刻久远。自己掌握的知识将成为一笔完全属于自己的财富。

在信息社会,知识是要经常更新的,这十分重要。有的人掌握的知识的确很丰富,但也未免在自鸣得意的同时遇到不可救药的麻烦。我们必须知道,追求知识永远没有止境,只有我们不断努力学习,不断更新知识,

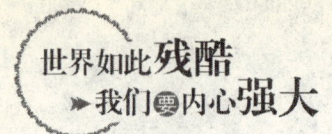

才能适应和跟上社会的发展。

根据个人的发展方向,适时地选择需要学习的知识范围,制定切实可行的学习计划,积极地进行自主学习,并把学到的东西应用于实践,通过实践来检验学习效果。在不断的学习与检验中,完善自我,走向出色。学习,应当成为每天必须完成的任务,做到"活到老,学到老"。

如果你是一个精明的人,你就应当学会用时间为自己"投资",为自己"充电",不断提高自身素质,以培养自己适应未来社会的能力。

上学是幸福的,我们在学校的时候,不用担心生存的艰难,不用考虑下一步如何找到自己的落脚点,总而言之,求学时期是最轻松的时光,也是"充电"的最佳时机,但是又想早一点离开学校,获得自由,因而上学时对"充电"的认识还是把握不准的。

在离开校园生活好多年之后,你或许有时还在惦念那段"充电"的日子,但时光是不能倒流的。最现实的做法是不妨研究研究自己脚下的路该如何走。当然,要走好"路",先要思考思考离开学校以后,如何进一步给自己"充电"。

"自主学习"是从学校里出来后,为进一步加强自身实力,而随着时代的步伐掌握原来在课堂上没有学到的新知识、新内容。学习,是每天的任务,一旦松懈,别人很快就会超过你,而你要"撑"不仅很辛苦,而且因为人家也在不断进步,以致你想赶超也几乎不可能。一个坚持不懈学习的人,即使底子较差,前途也一定是光明的。对于国家来说也如此,一个善于学习的国家,一定是有希望的国家,当然,国家的希望也在于国民能不断通过学习提高素质。

常听人抱怨:"春天不是读书天,夏日炎炎最好眠,等到秋来冬又至,不如等待到来年。"其实,这只是懒人的借口。不论你有多忙,一天中抽出点时间来学习,有百利而无一害。爱因斯坦说过:"人的差异在于业余时间。"

究竟学什么呢？自主学习，就是自己给自己安排"课程"和"课本"。这里的"课本"并不是指现成的书籍，而是完全结合自身实际来设计学习计划。一方面要把你自己将来要从事的工作和目标作为选择"课程"的依据，从而确定"专业课程"。如果你将来想做企业老板，就要把经营管理和财务作为主要课程；如果你将来想成为专业技术主管，不仅要学习与专业有关的知识，还要学习人力资源管理等方面的内容。另一方面就是要把锻炼自己做人的品质以及社会适应和竞争能力，当作学习的目标，因为，这是"公共课"，而且是最关键的。

而我们的课堂在哪里？"课堂"就是社会，具体而言就是我们所处的环境。而你接触的每一个人，无论是同事、下级还是领导，都是你的老师。诺贝尔物理学奖获得者杨振宁，一次在图书馆看书时，很快就进入了状态，忘记了身边的一切，包括时间。不知道过了多久，图书馆铃声响了好几遍，管理员催促大家离馆。可是杨振宁专注于自己研究的资料，完全没有意识到时间的流逝。就这样，他在图书馆里过了一夜。杨振宁非常珍惜时间，在他的时间表里，没有节假日的安排。长期的磨炼，使他可以抓紧分分秒秒进行思考和演算。

中国古时候就有"头悬梁"、"锥刺骨"的传说，那是古代人激发大脑潜能的办法。现代人很少有人能下如此大的决心来激励自己。但是科学地使用大脑也可以使你的大脑发挥出超常的潜能。

第一，要确立远大的目标，有目标才会产生动力。

第二，要与你的惰性做斗争，不能让智慧总是沉睡。

第三，发扬吃苦精神，刺激潜能发挥。

第四，要与更高更强的目标比较。常言说：不比不知道，一比吓一跳，这一吓就会刺激你的潜能爆发出来。

你要知道，人脑的潜力是无限的，我们一般人只使用了人脑的极少能量，还有极大的一部分有待于我们去开发，去合理地利用。

世界如此残酷 我们要内心强大

如果我们能利用人脑的 10%，就可以使我们的生活来一个根本性的改变，就可以实现我们的所有梦想。

知道你的大脑还有很大的开发天地，你就不会对自己失望，你就还有机会去实现你的梦想，只要努力，你就会如愿以偿。

内心强大的秘密

在这个"知识经济"时代，我们必须注重自己的学习能力，必须能够勤于学习，善于学习，并且终身学习，才能在竞争激烈的社会中立于不败之地。

让自己变得不可替代

近几年来,"核心竞争力"一词已经成为职场人士经常谈论的热点概念,企业管理者强调企业要有自己的核心竞争力;企业员工也认为拥有核心竞争力是才有生存的本钱。一时间,核心竞争力成为了所有人关注的焦点。竞争力是成功的原因,核心竞争力则是持续成功的原因。

核心竞争力的增长是职业持续性发展的基础。随着年龄的增长和工作经验的积累,有的职场人士保持着良好的发展势态,有的却越来越落伍,竞争力越来越弱。因此警惕核心竞争力危机,是职场人士需要适时反省的问题。

通常上班族们总是感觉自己的能力的增长速度在减慢甚至停止,往往是职业危机的一个首要信号,对于30岁以下的职业人来说,这就显得尤为严重。因为在35岁前,职业核心竞争能力必须靠自己主动拼搏才能获得。对于如何摆脱这个发生概率极高的问题,还是要通过职业规划来客观科学地解决,了解自己的长期发展目标,制定相应对策,就可以尽快走出职业冬天。

在我们生存的这个世界上,每个人都是独一无二的。我们也没有必要去要求自己和别人一样,如果大家所掌握的知识都是一样的,那么这个世界就会处于停滞状态。同时我们也没有必要要求自己在所有领域都能精通，事实上，个人精力的有限也决定了这是不可能的。真正聪明的人，会根据自身的特点，挖掘自己身上具有而别人不具有或者很少人具有的能力。独一无二的人往往就是最成功的人，那些所谓的天才，就是把自己的某种独特性甚至是某种缺点发挥到极致的人。

其实在某种程度上说，寻找核心竞争力就是寻找差异，寻找自己身上与别人不同的地方，寻找自己身上的个性。美国 MIT 多媒体实验室主任尼葛洛庞蒂说："我们在招聘时，如果有人大学毕业时考试成绩全部是 A，我对他不感兴趣；如果有人在大学考试中有很多 A，但中间有两个 D，我们才感兴趣。因为往往在大学里表现得很好的学生，与我们一起工作时，表现得并不那么好。我们就是要找由于个性与众不同，在大学学习时并不是很用功的那些人。这些人往往很有创造性，对事物很警觉，反应非常机敏。人才更多的是一种心态，是指与传统思维完全不一样的那种人。真正的人才不是看他学了多少知识，而是看他能不能承担风险，不循规蹈矩地做事情。"

在激烈的职场竞争中，没有或缺乏知识，就如同失去了应战的本钱。一个人的知识储备越多，才能便愈丰富，核心竞争力也就越强。

小沈和小陆同时被一家软件公司录用为程序员，小沈毕业于一所名牌大学，学的是软件开发专业，她才华横溢，设计的程序简洁明了，而且很少会出现漏洞，一开始就赢得了老板的青睐。而小陆却是一所普通高校毕业的，甚至她的本科学历也是后考的，有人传言说，小陆之所以能够被录取，完全是因为上层主管当中有她的亲戚。

平常的工作量对小沈而言十分轻松，所以她花费了大量的时间在逛商场购物上，而小陆却要起早贪黑，才能勉强完成工作任务。为此，小沈总是瞧不起小陆，她甚至说："和这样的傻瓜在一起工作，简直是我的

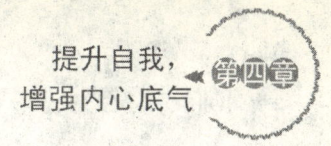

耻辱。"

一年之后,老板给小陆涨了薪水,对此,小沈愤愤不平:"只要高层有亲戚就可以加薪,完全不考虑工作能力,这样的公司有什么前途!"

这时,主管给小沈拿来了一份小陆的设计程序,小沈看后大吃一惊,小陆的程序和原来的相比竟然有了脱胎换骨的变化,简直可以用完美无缺来形容。

原来,在小沈自鸣得意自己的才能的同时,小陆却在勤奋学习。而此时,小陆设计出来的程序已经比小沈的好得多了!

小陆通过自身的努力,提高了自己的业务水平,取得了绝对优势的核心竞争力,因此得到了加薪,而小沈却因自己的沾沾自喜而裹足不前。这就看出了一个人能否真正在职场站稳脚跟的关键因素——"核心竞争力"。核心竞争力是真正决定一个人能否取得成功的最关键的因素。尽管我们的社会和企业中还存在许多不规范的方面,但随着社会的进步和企业对管理理解的深入和制度的逐渐规范,决定员工成功的因素越来越回归到个人的素质、工作能力等因素。无论是在什么样的公司,无论你从事何种类型的工作,能为企业和公司正确解决问题的人,能为企业和公司带来效益的人,一定会得到企业和公司的重用。

西班牙著名作家巴尔塔沙·葛拉西安在《智慧书》中写道:"在生活和工作中要不断完善自己,使自己变得不可替代。让别人离了你就无法正常运转,这样你的地位就会大大提高。"

不同的人有不同的生存方式,不同的员工有不同的工作能力。重要的不是你具有哪种能力,重要的是你所具有的能力是否是你的老板和你的企业所不能缺少的。

打造一种核心竞争力,不管是一种情感、一种精神也好,或者一种品

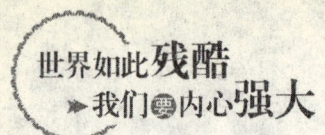

质、一种能力也好,都可以成为你的核心竞争力。拥有了核心竞争力,你才能在竞争激烈的职场中立于不败之地,远离危机。

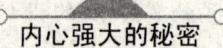

在生活和工作中要不断完善自己,使自己变得不可替代。让别人离了你就无法正常运转,这样你的地位就会大大提高。

投入到读书中去,让我们在学习中成长

哈佛图书馆有这样一些训诫:

此刻打盹,你将做梦;而此刻学习,你将圆梦。

学习时的苦痛是暂时的,未学到的痛苦是终身的。

学习这件事,不是缺乏时间,而是缺乏努力。

学习并不是人生的全部,但,既然连人生的一部分——学习也无法征服,还能做什么呢?

请享受无法回避的痛苦。

只有比别人更早、更勤奋地努力,才能尝到成功的滋味。

谁也不能随随便便成功,它来自彻底的自我管理和毅力。

即使现在,对手也不停地在翻动书页。

没有艰辛,便无所获。

这样的训诫,适合我们每一个人。是的,此刻学习,你将圆梦。人生是一个痛并快乐着的过程,学习能缓解我们的痛苦,增长我们的快乐。人生而焦虑,这样的焦虑来源于盲目的对比,也来源于对自己的认识不清。我们缺乏对世界的精彩认知,所以我们焦虑。怎么防止焦虑呢?那就学习吧。

世界如此残酷
我们要内心强大

张丽钧曾写过这么一则小故事。校庆的时候，学校邀来了几位有成就的校友，打算请他们跟学弟学妹们讲讲母校的教诲对他们成长的影响。一位专家想去一趟阅览室，在阅览室里，这位专家久久凝视着一个宣传镜框。专家点点头说："不瞒校长说，我无数次想起过、梦见过这个镜框——朦朦胧胧的哈佛大学背景图，足以给我这一生源源不断地注入力量的一句警示语：'就在此刻，对手也在翻书！'那个时候，在学校读书的时候，困了，倦了，想偷懒了，就抬头看看这句话：'就在此刻，对手也在翻书！'默念着这句话，耳边竟当真响起了对手'哗哗'的翻书声，我一激灵，人顿时精神起来。后来不管身处何地，每当我懈怠的时候，我总能被这句警示语震醒，耳边总会响起'哗哗'的翻书声。是啊，对手不曾懈怠，我又怎敢懈怠呢？我要用自己'哗哗'的翻书声压过对手那'哗哗'的翻书声！我要拼尽全力，去摘取我梦中的金苹果！"

当代著名作家韩少功在《怀念那些读书的日子》中提到他读书的往事，读来让人捧腹之时，也让我们深思——

毕业后下乡，我插队在一公社茶场。在地里劳动的时候，尤其聚在树下或坡下工休的时候，聊天就是解闷的主要方法。

易某最喜欢讲战争史，每讲到将领必强调军衔，每讲到武器必注明型号，俨然是个军事行家。我就是从他嘴里得知二战期间的伏尔加格勒战役、诺曼底登陆战役、隆美尔的北非战役，以及德国的容克52和美国的M2。多年以后我发现，他肯定读过《朱可夫回忆录》、《第三帝国的兴亡》一类的书，只是他的记忆有偏向，对军衔和型号记得太多，重要情节反而错漏了不少。

知青中还有故事王，此人头有点歪，外号"六点过五分"。平时特别懒，一个黑油光光的枕套竟可枕上一年。每次央求女知青代洗衣服，就以

讲故事为回报。凭着他过目不忘的奇能,绘声绘色的口才,每次都能让听者如醉如痴意犹未尽而甘受物质剥削。他发现了自己一张嘴的巨大价值,只要拿出故事这种强势货币,就可以比别人多吃肉、多睡觉,还能随意享用他人的牙膏、肥皂、酱油、香烟以及套鞋。福尔摩斯探案、凡尔纳科幻故事、《基督山伯爵》、《王子复仇记》,都是他的特权。

几个朋友在饭店里以肉丝面相贿赂,央求他讲上一段。他说的是一苏联红军女兵押送一白军军官,两人在路途中居然产生了危险的爱情。不料最后白军的船舰出现,后者本能地向舰船狂跑求救,前者那个慌啊,想也没想就举起了枪……故事大王此时已吃完了,叭的一声枪响,他捂住自己胸口,缓缓地作旋体状,目光忧郁地投向厨房和碗柜,伸在空中的手痛苦地痉挛着。

"玛——莎!"他很男性地大喊了一声。

"我的蓝眼睛,蓝眼睛——"他又模拟出女人的哭泣。

太动人了!直到多少年后我才知道,他那次讲的是苏联小说《第四十一》,所谓表现人性论的代表之作。

在这篇文章的最后,韩少功不无深刻地指出:在一个没有因特网、电视机、国标舞、游戏卡、夜总会、麻将桌以及世界杯足球赛的时代,在全国人民着装一片灰蓝的单调与沉闷之中,读书如果不是改变现实的惟一曙光,至少也是很多人最好的逃避,最好的取暖处,最好的精神梦乡。生活之痛只有在读书与思维的醉态下才能缓解。而一个机会密集、利益汹涌以及享乐场所环伺的时代扑来之时,真理的镇痛效应和致幻效应是否会如期减退?醉汉们是否应该及时地清醒?

张海迪也曾在一篇文章中说:读书让我学习了知识,也让我认识了很多生命中很重要的人,他们深深地影响着我,一直到现在。无论今天的生活发生了怎样的变化,我都依然热爱着童年起就崇敬的人。

世界如此残酷 我们要内心强大

他们表达着对这个时代的焦虑，对我们年轻一代缺少读书的熏陶环境的焦虑。这让我们深思。确实，知青时代那些读书的故事，在今天的我们看来多少有些浪漫好玩的成分，但是对于那个时代的年轻人来说，他们的读书故事多少含着一点辛酸。他们费尽心力试图读书，以提高自己，让自己充实。但是现在的我们呢？生活中不缺乏书籍，只要我们愿意，图书馆、书店中的书籍琳琅满目，但问题是，我们中有多少人想要去图书馆和书店接受一下书籍的陶冶，接受一下学习带来的快乐呢？北大教授孔庆东曾大声呼吁：少爷小姐请读书。我们国家现在每年的4月23成为了"世界读书日"，这都让我们明白，读书对我们的生活如此重要。读书会让我们永远铭记历史，让我们的心灵充满诗意，让我们了解自己的文化特性，让我们的人生更加的稳重踏实……我们有什么理由不拿起书本呢？

朋友们，让我们从现在开始觉醒，投入到读书中去，让我们在学习中成长。

内心强大的秘密

读书使人优美，读书改变我们的思维，陶冶我们的情操。世界上很多东西我们不能改变，但是我们可以改变自己，提高自己，让自己努力地美好，世界在我们的眼中自然就是最美好的。

第五章

胆有多大，内心就有多强大

俗话说『不入虎穴，焉得虎子』。人生就是一场博弈，敢冒风险的人，才能在事业上取得最大成功。胆量有多大，内心就有多强大。只要敢闯敢拼，敢于吃苦，就能增加自己成功的筹码。

人生应该思考，但绝不该犹豫

说到"力拔山兮气盖世"的项羽，在中国可谓无人不晓，他的豪情千年以来一直为人们所仰慕和欣赏。楚霸王一生英勇无敌，但正因为他优柔寡断的性格，当断不断，才反受其乱，最后兵败于刘邦，无颜再见江东父老，自刎于乌江。

先哲们就曾说过："犹豫不决是以无知为基础的。"这是因为这类人对事物、对工作的处理方式，总是缺乏快速、敏捷地分析与判断。对工作缺乏全局的理解和判断，不能审时度势，不能抓住问题的要害，因而显得非常没有效率。因此，英国大文学家莎士比亚说得好："智虑是勇敢的最大要素。"

有这样一个很让人深思的故事：某地发生水灾，整个乡村都难逃厄运。村民纷纷逃生，一个上帝的虔诚信徒爬到了屋顶，等待上帝的拯救。不久，大水漫过屋顶，刚好有一只木舟经过，舟上的人要带他逃生。这个信徒胸有成竹地说："不用啦，上帝会拯救我的！"木舟就离他而去。片刻之间，河水已浸到他的膝盖。刚巧，有一艘汽艇经过，拯救尚未逃生者。这个信徒则说："不必啦，上帝一定会救我的。"汽艇只好到别的地方救其他的人。

几分钟后，洪水高涨，已到信徒的肩膀。这个时候，有架直升飞机放下软梯来拯救他。他死也不肯上机，说："别担心我啦，上帝会救我的！"直升飞机也只好离去。最后，水继续高涨，这个信徒淹死了。

死后，他升上天堂，遇见了上帝。他大骂："平日我诚心祈祷，您却见死不救。算我瞎了眼啦。"

上帝听后说："你还要我怎样？我已经给你派去了两条船和一架飞机！"

机会只敲一次门，成功者善于抓住每次机会，充分施展才能，最终获得成功，得到命运意外而又意料之中的垂青。

对于成功来说，犹豫不决、优柔寡断是一个阴险的仇敌，在它还没有伤害我们、破坏我们、限制我们一生的机会之前，我们就要把这一敌人置于死地。不要再等待、再犹豫，决不要等到明天，今天就应该开始。要逼迫自己训练一种遇事果断坚定、迅速决策的能力，对于任何事情切不要犹豫不决。

曾经三个人一同进山打猎，到了山脚下，其中一人便坐到树下不肯起来，他说他必须先想好进山的路和要打的猎物，而另外两人却义无反顾地径直上山。当这两人扛着猎物下山时，那人仍然坐在树下冥思苦想，当然，他一无所获。

人生应该思考，但绝不该犹豫。面对十字路口的时候，不该没有选择，只要认清方向，就该放胆前行，犹豫只会让人胆怯。还是那两个猎人做得好，既然到了山脚下，就该径直上山。

因此，犹豫不决是效率的敌人，同样也是一个人成功的障碍。俗话说得好："机不可失，时不再来。"在患得患失之后你会发现机会已经溜走了，那么，再埋怨和懊恼又有什么用呢？有勇气、有智慧、有胆略的人是不会犹豫不决的。有"心计"的人做事，他们懂得把握机会、速战速决，

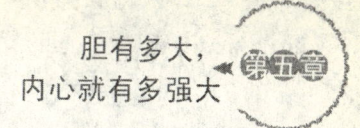

效率是高效能人士的追求目标,只有牢牢把握住效率的先机,你与成功的机会才会越来越近。

有一个人,他从来不把事情做完,无论做什么事情,他都给自己留下重新考虑的余地。例如他写信时不到最后一分钟,他决不肯封起来,因为他总担心还有什么要改动。他时常在把信都封好了,邮票也贴好了,正预备要投入邮筒之时,又把信封拆开,再更改信中的语句。最可笑的是有一次他给别人写了一封信,然后又打电话去,叫人家把那封信原封不动立刻退回。

这个人是个社会名人,在许多方面有着非常出色的才能与品格,但是正是由于他这种犹豫不决的性格,使他很难得到其他人的信赖。所有与他相识的人,都为他这一弱点感到惋惜。

还有一位女士,当她要买一样东西的时候,她一定要把全城所有出售那样东西的商场都跑遍。从一个柜台,跑到另一个柜台,她从柜台上拿起了货物时,会从各方面仔细打量,看了再看,心中不知道喜欢的究竟是什么。她看了又看,还会觉得这个颜色有些不同,那个式样有些差异,也不知道究竟要买哪一种是好。她还会问各种问题,有时问了又问,弄得售货员十分厌烦,结果,她竟一样东西也买不到,总是空手而去。她要买一样保暖的衣帽,不喜欢穿戴着太笨重,又不喜欢过分暖热。她要买一样衣物,即便于夏天,又便于冬天,既适用于高山,又适用于海滨,不仅可用于正规场所,又可用于休闲。心中带着这几种不现实的苛求,从哪里买到这样的东西呢?万一碰巧她买到了这样一件衣物,她心中还是怀疑所买的东西是否真的不错?是否要带回去询问他人的意见,然后再向店中调换?无论买哪一种东西,她总要掉换两三次,最后还是感到不满意。

主意不定和优柔寡断,对于一个人来说,实在是一个致命的弱点。它会破坏一个人的自信心,也会破坏一个人的判断力,并大大有害于一个人的精神能力。

"世上本无路，人走得多了便成了路。"既然这样，还犹豫什么？每一段路的终点都是一个新的起点，当我们的人生需要去选择的时候，请不要犹豫。开满鲜花的路上或许有陷阱；荆棘密布的山路总是让人望而生畏；平坦宽阔的道路可能没有风景；杂草丛生的野径或许潜藏着毒蛇……不同的人生选择会有不同的人生境遇，但是，不同的人生境遇也必定会让人拥有不同的人生收获。

内心强大的秘密

在作重大决定时举棋不定、不知所措，往往是一个人品格的致命缺点。这种缺点，可以破坏一个人的判断力，会给他的事业带来种种不利。

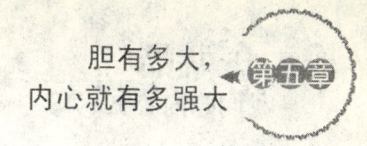

抢先下手是成功人生的第一课

俗话说"先下手为强,后下手遭殃",这个世界上永恒的只有时间,所以从某种意义上说竞争的实质,就是时间的竞争。如果你能懂得做事要抢先一步,那么胜利就属于你了。

随时准备先下手,曹操就是一个生动的例子,多疑且残忍,把招待自己的恩人吕伯奢一家杀个鸡犬不留。而陈宫,他几次举剑欲杀曹操,结果犹犹豫豫终于不忍心,这里的不忍心包容了一个公平的思想,因为他即使知道曹操是奸雄,但不知道其对天下、对未来的作用是好是坏,他无法代表什么人对曹操审判,甚至处死,尤其在那样的乱世下——最终他还是死在曹操手下。

做事先下手为强,就可以为以后的成功带来机遇,打好基础。

1984年9月底,正在联邦德国考察的天津市技术改造办公室的同志从一位来访的德国朋友那里得知,德国有家纯达普摩托车厂倒闭了。我方立即向该厂表示:我们准备买下这个厂,但需回国后研究确定,一周之内,必有回信。与此同时,印度、伊朗等几个国家的商人也准备购买该厂。

回国后,天津市政府领导拍板决定购买纯达普厂的全部设备和技术,并立即通知德方。随即组成专家团,准备赴德进行全面技术考察,商谈购买事宜。就在这时,联系人从联邦德国发来急电:伊朗人抢先一步,已签署了购买纯达普的合同，合同上规定付款期限为10月24日，如果24日下午3时，伊朗汇款不到，合同便告失效。

事情有点猝不及防。天津市领导分析了整个情况后认为，国际贸易竞争中也存在偶然因素，虽然伊朗商人在签订合同方面抢先，但能否付款尚属悬案。如果伊朗方面逾期付款，我方还有争取主动的机会。10月22日上午10时，天津市作出决定，立即派团出国，从伊朗人手中抢回这条生产线。代表团用了11个小时办完了要办15天的出国手续，10月23日，飞到了慕尼黑。他们立即与德方联系。10月24日下午3时，当打听到伊朗方面款项尚未到的消息时，中国代表成员立即奔赴纯达普摩托车厂。中国人的突然出现，让德方人员甚感吃惊。慕尼黑市债权委员会主管倒闭企业事务的米勒先生面带笑容地接待了中国代表团。

他说："伊朗商人因来不及筹款已提出合同延期的要求。如果你们要购买，请现在就谈判签订合同。"原来，债权委员会已规定，纯达普的财产必须于10月30日前出售完毕，以保证债权人的利益。如果逾期，将被迫拍卖，就是把全部固定资产拆散零卖，不仅使厂方蒙受巨大经济损失，而且使这个有67年历史的、生产名牌产品的工厂化为乌有。我方意识到对方急于出售的迫切心理，但又不能干闭着眼睛买外国设备的蠢事。经过几个回合的交涉，终于达成了中国专家先进行全面技术考察后再谈判的协议。

25日早晨，中国专家来到纯达普厂，对全厂的设备、机械性能、工艺流程进行全面考察，最终结论是：该厂设备先进，买下全部设备非常合算。25日下午2时整，合同谈判在中国专家驻地正式举行。经过紧张的讨价还价，在次日凌晨签订了合同。天津专家团以1600万马克（合500多万美元）的价格，买下了纯达普厂的2229台设备和全套技术软件。后来得知，这个价格比伊朗商人所要支付的价格低200万马克，比另一些竞争对手准备支付的价格低500万马克。

成功路上就是这样，稍一迟疑就可能错过时机。

胆有多大，内心就有多强大

第五章

德国人菲利浦·赖斯是通过电进行远距离传输声音的第一人。赖斯将一种"动物"薄膜覆在一个锥状物上，薄膜上固定了一根铂丝，再将锥状物塞入一个木桶的根孔。当声音引起薄膜振动时，铂丝就会与另一端的电池电路不断接触再断开，另一端的电池电路是一捆绕在一根织针上的线圈。织针随着薄膜振动的节拍而被磁化、再被消磁，这样声音就重新发了出来。

在19世纪70年代中期，互不相识的亚历山大·格雷汉姆·贝尔和伊莱沙·格雷各自进行着声音传输的试验，贝尔在波士顿，而格雷在芝加哥。格雷的电话与赖斯的设计有点相似，接收信号的一端是一块电磁铁，电磁铁中的一根小铁棒与薄膜相连。

1876年2月14日，格雷向美国专利局提出申请，正式宣布他对一种新仪器设计思路的所有权，希望以此防止他人在一年之内再次申请相同的专利。但就在同一天，仅仅几小时之前，贝尔已经提出了相似仪器的专利申请。由此引发的纠纷导致了数年的官司，而最终还是贝尔赢得了电话的专利权。

抢先下手是所有弈者都要遵守的第一要则，人生何尝不是如此。世事如棋，在人生的棋盘上，抢先下手也折射出一种大丈夫的风范。纵观历史上的成功者，无一不具有这种风范。其实，生活中的许许多多的输家，首先输在对人生这一要义缺乏深刻的体悟上。他们事前瞻前顾后，犹犹豫豫，或者置身事中三心二意，患得患失，而事后则又捶胸顿足，追悔莫及。其实临事的优柔寡断就已注定了事后的追悔莫及。如此说来，抢先下手实在是成功人生的第一课。所以，要想成大事，一定得学会"你不下手我下手"。

内心强大的秘密

抢先下手是所有弈者都要遵守的第一要则，人生何尝不是如此。世事如棋，在人生的棋盘上，抢先下手也折射出一种大丈夫的风范。

敢于尝试，是成功的第一步

人，自知手的握力有限，所以发明了老虎钳；知道拳头的打击力有限，所以发明了榔头。

铁丝网是一个牧羊人发明的。他本来是用光滑的铁丝围成篱笆管理羊群，后来看见有些羊从篱笆缝里钻出来，就把铁丝剪成段，在接头的地方做出刺来。这样相当有效。

螺丝钉是一项重要的发明，但是当螺丝钉第一次出现的时候，螺丝帽上没有那一道"沟"，是后来为了旋转方便，有人又加上了一条"沟"，再后来又有人更进一步发明了电动旋转器，来节省旋转螺丝钉所消耗的时间。这就是一件发明越来越完善的过程。

今天的世界比起100年前不知进步了多少，只要人类不停地积极去尝试，世界就一定还能够继续进步，将来的世界就会比现在还好。试想，如果百年前的人类骄傲自满，停止尝试，哪里还会有今天的文明呢？

在这个世界上，人拥有着无限的创造力量，也拥有着无限的创造才能。这些创造最初都是始于尝试。因为经历了无数次的尝试，才有了今天这么多的辉煌成果。所以只要我们拿出勇气去尝试，就能不断发现新的领域，创造出新的奇迹。不要为已有的新奇现象所迷惑，也不要为日常例行的工作所催眠，时常在工作和生活中提醒自己：我还能发现什么奥秘？就

是这一念头，使我们不会依然推独轮车、点菜油灯。

在生活中，我们为人处事时也是一样，当我们决定去做一件事时，一定要放弃踌躇、犹豫。与其蹉跎岁月还不如大胆地拿出勇气去尝试。

美国探险家约翰·戈达德15岁的时候，只是洛杉矶郊区一个没见过世面的孩子，他把自己一辈子想干的大事列了一个表，题名为"一生的志愿"。表上列着："到尼罗河、亚马逊河和刚果河探险；登上珠穆朗玛峰、乞力马扎罗山和麦特荷恩山；驾驭大象、骆驼、鸵鸟和野马……"每一项都编了号，一共有127个目标。

当戈达德把梦想庄严地写在纸上之后，他就开始抓紧一切时间来实现它们。16岁那年，他和父亲到了乔治亚州的奥克费诺基大沼泽和佛罗里达州的埃弗格莱兹去探险。这是他首次完成了表上的一个项目，他还学会了只戴面罩不穿潜水服到深水潜泳，开拖拉机，并且买了一匹马。20岁时他已经在加勒比海、爱琴海和红海里潜过水了。他还成为了一名空军驾驶员，在欧洲上空做过33次战斗飞行。他21岁时已经到21个国家旅行过。22岁刚满，他就在危地马拉的丛林深处发现了一座玛雅文化的古庙。同一年他就成为"洛杉矶探险家俱乐部"有史以来最年轻的成员。接着他就筹备实现自己宏伟壮志的头号目标——探索尼罗河。戈达德26岁那年，他和另外两名探险伙伴来到布隆迪山脉的尼罗河之源。紧接着尼罗河探险之后，戈达德开始接连不断地加速完成他的目标：1954年他乘皮筏漂流了整个科罗拉多河；1956年探查了长达2700英里的刚果河；他在南美的荒原、婆罗洲和新几内亚与那些割取敌人头颅作为战利品的人一起生活过；他爬上阿拉特峰和乞力马扎罗山；驾驶超音速两倍的喷气式战斗机飞行；写成了一本书《乘皮艇下尼罗河》；开始担任专职人类学学者之后，他又萌发了拍电影和当演说家的念头，在以后的几年里他通过讲演和拍片为他下一步的探险筹措了资金。

世界如此残酷
我们要内心强大

将近60岁时，戈达德依然显得年轻、漂亮，他不仅是一个经历过无数次探险和远征的老手，还是电影制片人、作家和演说家。戈达德已经完成了127个目标中的106个。他获得了一个探险家所能享有的所有荣誉，其中包括成为英国皇家地理协会会员和纽约探险家俱乐部的成员。沿途他还受到过许多人士的亲切会见。

戈达德在实现自己目标的征途中，有过18次死里逃生的经历。他说："这些经历教我学会了百倍地珍惜生活，凡是我能做的我都想尝试。"

他指出，差不多每个人都有自己的目标和梦想，但并不是每个人都去努力实现他们。"检查一下你的生活，并向自己提出这样一个问题是很有好处的：'假如我只能再活一年，那我准备做些什么？'我们都有想要实现的愿望，那就别延宕，从现在就开始做起！"

约翰·戈达德的故事，再次佐证了一句谚语："敢于尝试，是成功的第一步。"

虽然，尝试并不等于成功在握，但是不敢尝试或不去尝试却绝对预示着成功无望。因为无论多么可喜的成功，它的第一步往往都踏在试试看的跳板上。其实我们现实生活中的许多障碍都是无形中所置的。

一条小河，你不敢过，因为你猜想它会深不可测；演讲会上，你不敢慷慨陈词，因为你认为自己口拙舌钝；危险时刻，你想伸出援助之手，又犹豫对方是否真正需要自己的帮助；遇到机会，你被眼前困难所阻挡而不肯抓住，让机会流失……无论做什么，首先阻挠的就是你自己。

试试看，或许小河只没过膝盖；试试看，你可以一举成为出色的演讲家；试试看，你的帮助或许是雪中送炭；试试看，如果抓住机遇你可能会成就一番大事业……试试看，你或许就会感到几许安慰，因为你的生活中再没有遗憾，没有后悔；相反，你会因此而正视自己，重塑自我！

当然，也并不是说，什么事情都要非得去尝试不可，说到底，这其实是

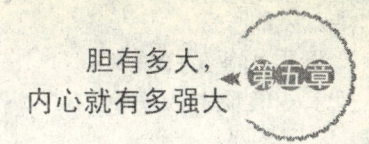

一个人生态度的问题。不同的人生态度,会有不同的人生色彩;不同的人生选择,会有不同的人生道路。拿出勇气去尝试,会让你离成功更近一步。

内心强大的秘密

虽然,尝试并不等于成功在握,但是不敢尝试或不去尝试却绝对预示着成功无望。因为无论多么可喜的成功,它的第一步往往都踏在试试看的跳板上。

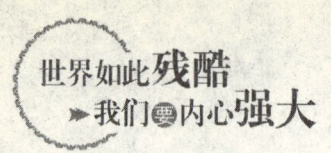

梦想能否实现，关键还在于勇气

每个人都有自己的梦想，为什么你的梦很难实现，而成大事者却能如愿以偿地实现了自己的梦呢？这是因为他们有勇气去实现自己的梦。因此你要向成大事者学习，学习他们如何把梦变成现实。

自从有了人类，梦想就有了它的寄宿地。

喜欢梦想的人会给这个世界带来幸福，梦想支撑着我们这个世界，所以尽管人们经历着艰辛和苦难，但是美丽梦想却滋养、抚慰了携带梦想的人们。

人类从来就没有放弃过理想，更不会让自己的理想褪色、消逝。人类生存在理想之中，并坚信所有的理想都将在某一天变成现实。

所以，自古以来成大事者就用他们的事迹来唤醒一个民族的崛起。他们作为先头军，披荆斩棘、搭桥涉水。

设想一下，假如人类历史上没有这些成大事者的足迹，追寻梦想的事迹被我们遗忘，那剩下的就只能是无味、枯燥的事情了。而现在，人类踏着先辈的足迹，归纳着先辈们的经验，来实现着生活在这个时代的梦想。

敦煌壁画中的飞天，让我们领略了古人飞上天空的梦想。莱特兄弟的第一架飞机，揭开了人类史上真正的飞天现实。

人们一直对通讯手段的提高有着急迫的梦想，不想再拘泥于书信的往

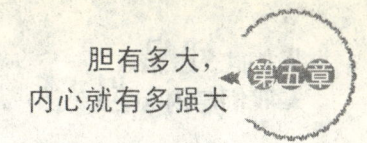

来，于是电报和电话的问世实现了人们的梦想。就这样人们带着梦想，制定了新的目标，开始了新的尝试。在对未来的憧憬中，拥有梦想的爱好者发现着新问题。

哥伦布梦想着一个新的世界，他就扬帆过海，发现了美洲大陆。爱迪生梦想着光亮的世界，他经过无数失败，实现了自己的梦想。释迦牟尼梦想着一个没有尘埃、宁静甜美的世界，萌发了解救世人的念头。本是一个贫穷矿工的史蒂文森把制造火车的梦想变成了现实。指南针解救着迷失道路的人，电信传达了人类美好的祝福，电灯照亮了在黑夜中远行的人，而电脑的出现提高了人类的运算速度，使千里之外的人能面对面地畅谈着彼此的心声。

总之只要有勇气去实现梦想，梦想就会一点一点向你靠近。对世界最有价值、最有贡献的人，就是那些有先见之明、有探求精神的人。他们运用着自己的智慧和学识打造着人类的幸福，解救着那些愚钝和受着束缚的人。有着勇气和探求精神的梦想者在把梦想变为现实的探索中，给那些懦弱的胆怯的人上了一堂生动的课。

自从传言有人在萨文河畔发现了金子后，便有四面八方的淘金者怀着成为富翁的梦想来到萨文河。数不胜数的淘金者废寝忘食，在萨文河河床上挖出了很多大坑，并且挖遍了整个河床，但均扫兴而归。

也有不甘心落空的，便驻扎了下来。约翰·弗雷特就是其中的一个。他在河床上买了一块没人要的土地，把自己的所有积蓄全部压上，埋头苦干了几个月，但连一点金子都没找到。最后，连买面包的钱都没有了，于是，他准备带着失望和悲伤离开。

就在他即将离去的前一天晚上，天下起了大雨，一下就是三天三夜。最后，约翰·弗雷特发现原来坑坑洼洼的土地已被大雨冲刷平整，并长出了一层绿茸茸的小草。

约翰眼前一亮，他想，我没有找到金子，但这土地肥沃，用来种花，花再拿到镇上卖给富人，那么我一定会赚很多钱。不过，初来乍到，起手创业是有很大的困难的。但约翰还是鼓起勇气留了下来。

五年以后，约翰终于实现了他的梦想，他成了惟一找到金子的人。

其实约翰与那些淘金者并没有什么不同，如果说有不同的话，那就是约翰为了梦想而有勇气留下来，利用了自己的聪明。而其他人却让梦想从他们的眼前溜走。

有一首歌唱得很好，上帝给你关上一道门，就会为你打开一扇窗。

约翰能找到金子，是因为他不但能吃苦耐劳，最主要的是他有勇气留下来为梦想努力。

人生之路，靠自己的勇气和毅力追求成功的目标。凡事依赖他人，永远称不上自立的人，其结果，不是"侏儒"，便是附庸。

如果一个人生性胆怯、缺乏自信、遇事总犹豫不决、故步自封、没有判断力、毫无冒险精神，就算是上帝也不能将他从死气沉沉、毫无希望可言的日子中解救出来。所以，梦想能否实现，关键还在于勇气。

内心强大的秘密

人类从来就没有放弃过理想，更不会让自己的理想褪色、消逝。人类生存在理想之中，并坚信所有的理想都将在某一天变成现实。

做一个勇敢的人

勇气，是每个人都必须拥有的一种力量。没有勇气，就不可能走完这漫长又如此短暂的一生。如果你过的是一成不变的人生，一个没有风雨的人生，那么你永远看不到生命的色彩。勇气能够给人带来欢快，带来七彩的人生。没有勇气，那么你将是一个生活的俘虏，一个失败者。

人生的道路是曲折的，是多变的，有时会让你伤得很重，但是如果你没有了勇气，那么你就注定了失败；如果你拥有一份勇气，就算有再多的困难，也是你的手下败将。每个人遇上的挫折都不一样，只是有些人遇上的挫折会小一些，有的人遇上的会大一些，但不论是大的挫折，还是小的挫折，说到底都是困难，都需要大家提起勇气去面对。那是你自己的人生，不是别人可以帮你走完的，所以只有自己提起勇气才能够战胜一切。

有一位父亲，一直很为他的小孩感到苦恼，因为孩子都已经十五六岁了，而一点男子气概都没有。他决定去拜访一位禅师，请求这位禅师帮他训练他的小孩。

禅师说："你把小孩留在我这里三个月，这三个月不允许你来看他。三个月后，我一定可以把你的小孩训练成一个真正的男人。"

三个月后，小孩的父亲来接回小孩。禅师安排了一场空手道比赛来向父亲展示这三个月的训练成果。被安排与小孩对打的是空手道的教练。教练一出手,这小孩便应声倒地。但是小孩刚倒地,便立刻又站起来接受挑战,倒下去又站起来……如此来来回回一共16次。

禅师问孩子的父亲:"你觉得他的表现够不够男子气概?"

"我简直羞愧死了,想不到我送他来这里受训三个月,我所看到的结果是他这么不经打,被人一打就倒。"父亲回答。

禅师说:"我很遗憾,你只看到表面的胜负。你没有看到你儿子那种倒下去,立刻又站起来的勇气及毅力,那才是真正的男子气概!"

这个故事给"勇敢"下了一个定义:勇敢就是不屈不挠的精神,就是一种敢作敢为的勇气。在现实生活中,一些人有勇气去面对一件事情,但这并不意味着他马上就会去做,而是思前想后,顾虑重重。这都不是勇敢的表现,勇敢就是想到就去做。

当我们决定一件大事时,心里一定会很矛盾,面对到底要不要做的困扰。现实就是,只有你勇敢去做了,才可能做好,如果你没有这份勇气,就永远不会成功。

我们在日常工作中,难免会遭遇种种困难,或者是人际关系上的困难,或者是制度上的障碍让你的事情不顺利,又或者是资源不足以及你的专业能力欠缺……种种主客观的困难都会横亘在你面前。而且,往往越是在这种时候,越没有人会伸出援手。

面对困难,我们应该做的就是勇敢面对。生活的意义在于过程,如果我们勇敢面对困难就会有充实的人生。俗语说:"自助者天助。"当我们愿意一个人设法去克服困难的时候,事情也往往就会出现转机。

一个人如果能够在挫折前提起自己的勇气,需要一种很平稳的心理去面对人生,笑迎人生。当困难站在你面前时,应该用足够的精神去面对这已发生的事情,应该认真地考虑如何去解决,如何去面对,带上勇气出发,去面对一切。只有你勇敢地跨出第一步,你才能够有成功的一刻,虽然成功不会立刻出现在你的面前,但你所付出的终会有一个满意的结局。也许并不是很如意,但是你付出了,那就说明你拥有勇气,还拥有一个自

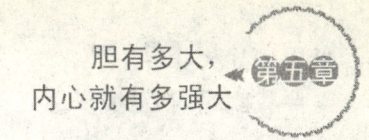

己的人生，拥有一份别人所感受不到的快乐。勇气会带着你慢慢地前行，让你在挫折中长大，让你在挫折中体味到另一种快乐！如果你能够拥有这些，那么你的天空将不会再是灰色，永远都拥有一个七彩的世界。

没有人总会事事顺利，那些伟人也不是。我们应该学习那些伟人，以他们为榜样，勇敢面对，认真总结失败经验，只有这样才会为以后的事业打下基础。

天空中有乌云，狂风阻止了我们前进的步伐，不要灰心，不要懦弱，只要勇敢面对就会得到一片晴空。

同时，勇气又是一个人自信的表现，勇气是做成功一件事的保证，勇气更是做一件事的决心的完美体现。

在勇士的眼中，充满对未来美好生活的憧憬，并向着美好的生活而努力；懦夫的眼中，无论做什么事都有危险，认为生活中充满险阻。热爱生活，总是蔑视困难，永远向前，这就是勇士与懦夫的区别所在。

沉着、冷静是勇敢者的形象。紧急关头，慌张、忙乱本身就是怯懦的表现。要想做一个勇敢的人，就必须亮出你的勇气，勇于破除传统，敢于改革变通。只有沉着、冷静、遇事不慌、处乱不惊，才能做到急中生智，从而克服困难、排解险情。

做一个勇敢的人！不怕忧伤，不怕被拒绝，不怕失败，不怕沮丧……无论前面有什么困难，都要有勇气去面对。过去的就让它过去，只要把教训留在心里不忘记。

无论发生什么，都要勇敢地挺过去，做一个好男儿！未来就掌握在自己的手中，去拼搏、努力吧，没有人追得上你！

◆ 内心强大的秘密 ◆

做一个勇敢的人！不怕忧伤，不怕被拒绝，不怕失败，不怕沮丧……无论前面有什么困难，都要有勇气去面对。

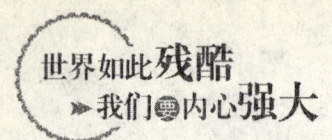

不冒风险是最大的危险

艰苦与危险的道路,就是成功的道路!做大事有雄心的人,经常存着"不入虎穴,焉得虎子"的决心,用生命与死神搏斗。

人都应该有敢于冒险、当机立断、马上行动的勇气与胆略,如果都这样的话,没有什么可以令你屈服和妥协。

丹麦著名哲学家克尔恺郭尔曾说过:"在一个人生命的初始阶段,最大的危险就是不冒风险。"

精明的人能谋算出冒险的系数有多大,同时作好应付风险的准备。世界的改变、生意的成功常常属于那些敢于抓住时机,适度冒险的人。有些人很聪明,对不测因素和风险看得太清楚了,不敢冒一点险,结果聪明反被聪明误,永远只能平庸。实际上,如果能从风险的转化和准备上进行谋划,则风险并不可怕。

1866年,汽车诞生了,为适应时代发展的需要,满足客户的要求,劳埃德保险公司在1909年率先承接了这一形式的保险。在还没有"汽车"这一名词的情况下,劳埃德保险公司将这一保险项目暂时命名为"陆地航行的船"。

劳埃德公司还首创了太空技术领域保险。例如,由美国航天飞机施放的两颗通讯卫星，1984年曾因脱离轨道而失控，其物主在劳埃德公司投了1.8亿美元的保险。劳埃德公司眼看要赔偿一笔巨款，就出资550万美元，委托美国"发现号"航天飞机的宇航员，在1984年11月中旬回收了那两颗卫星。经过修理之后，这两颗卫星已在1985年8月被再次送入太空。这样，劳埃德公司不仅少赔了7000万美元，而且向它的投资者说明：从长远看，卫星保险还是有利可图的。

目前，英国的劳埃德保险公司已成为世界保险行业中名气最大、信誉最高、资金最厚、历史最久、赚钱最多的保险公司，它每年承担的保险金额为2670亿美元，保险费收入达60亿美元。"敢冒最大的风险，去赚最多的钱。"一直是劳埃德公司的宗旨，它最大的自豪就是它的开拓创新精神，这就是能敏捷地认识并接受新鲜事物。现任劳埃德公司总经理说：劳埃德公司的传统就是要在市场上争取最新保险形式的第一名。

在某种程度上，生活就是一场博弈。敢冒最大风险的人，在人生战场上才能赚得最多的钱，在事业上才能取得最大的成功，才可能实现人生的最大价值。

卜保罗·格蒂是石油界的亿万富翁、一个最走运的人，但早期他走的却是一条曲折的路。他上学的时候认为自己应该当一位作家，后来又决定要从事外交部门的工作。可是，出了校门之后，他发现自己被俄克拉荷马州迅猛发展的石油业所吸引，那时他的父亲也是在这方面发财致富的。搞石油业偏离了他的主攻方向，但他想试试自己的运气。

格蒂通过在其他开井人的钻塔周围工作筹集了些钱，有时也偶尔从父亲那里借些钱（他的父亲严守禁止溺爱儿子的原则，他可以借给儿子钱，但却从不白送钱给儿子）。年轻的格蒂是有勇气的，但却从不鲁莽。他头几次冒险都失败了，但是在1916年，他碰上了第一口高产

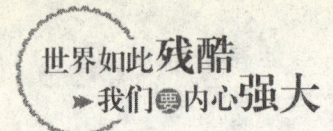

油井，这个油井为他打下了幸运的基础，那时他才23岁。

是走运吗？当然。然而格蒂的走运是应得的，他做的每一件事都没有错。那么，格蒂怎么会知道这口井会产油呢？他确实不知道，尽管他已经收集了他所能得到的所有资料。

"机会总是存在的。"他说，"你必须相信这种机会的存在。如果你一定要求有肯定的答案，那你就会捆住自己的手脚。"

所以，生命运动从本质上说就是一种探险，如果不是主动地迎接风险的挑战，便是被动地等待风险的降临。

有限度地承担风险，无非带来两种结果：成功或失败。如果我们获得成功，我们可以提升至新领域，显然这是一种成长；就算我们失败了，我们也很快可以清楚为什么做错了，学会以后该避免怎么做，这也是一种成长。

当然，谁也不愿经常失败。如果你是个有"野心"的人，就要确知哪些风险该冒，哪些风险不该冒。只了解事实是远远不够的，你还必须了解你自己。你必须意识到，你是通过害怕和野心这两个镜片，来观察和评估风险的，而这两块镜片下反映出来的东西，并不是永远不走样的。在决定冒险的时间、地点之前，一定要认真考虑你自己这个因素，包括你在人生奋斗中所处的确切位置，以及这个位置对你的思维所产生的影响。但是赌注是一定要下的，即使你知道有可能输。而且一旦筹码落地，你就不能再想输了，要想着赢。

如果你是个有雄心的人，你就要知道，即使你输了，你也不用过于灰心丧气，因为失败是每个人都必须经历的事情，是非常正常的。冒险必定要付出一定的代价，在决策时就应该把这种代价考虑进去。总之，既要敢于冒险，又要尽量减少风险成本，这才是成功之道。

事实上，鼓励尝试风险的社会环境，有助于培养个人不满足于现

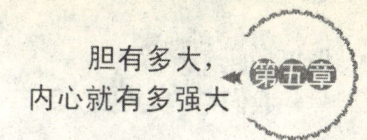

状、勇于进取的精神，也有利于提高个人对市场变动的敏锐感。一个人往往在冒险并盘算着该做什么时，成长最快。一位日本专家指出：人类在长期的历史过程中，学到了很多智慧，也拥有了很多智慧，这能给人以更大冒险的可能性。但是，即使有可能性，也不能断定所有的人都敢于冒险。

作为青年人，一方面要通过学习和实践不断增长智慧，另一方面还要永远保持冒险精神。自卑自忧、谨微小心并不是成功者的品质；裹足不前、举棋不定，只能在当今瞬息万变的社会中被淘汰。

内心强大的秘密

人都应该有敢于冒险、当机立断、马上行动的勇气与胆略，如果都这样的话，没有什么可以令你屈服和妥协。

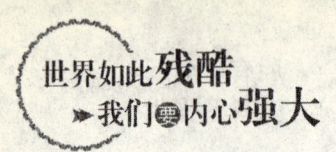

让自己的胆子大一些

果断是有充分事实指导下的自信和冷静的思考，冒险是关键时刻的积极行动和勇于向前，二者缺一不可，并肩而行。

一个积极进取的人，就像有一种烈火似的热情，雷厉风行，许多人对此非常羡慕，以为他们在这方面得到了上天的恩赐。实际上，这不过是因为他们专注于一个目标敢于冒险的缘故。

冒险需要胆量，果断是战略的方法。胆略与战略的关系是潜能与智慧的关系，其间的微妙关系也不是一成不变的。只有把果断和冒险运用得恰到好处，才能无往而不胜。

欲成就一番事业，就需要有大的勇气。每一位成大事者在面临命运抉择的关键时刻，都能细心分析时局，并且毫不退缩地迎接挑战，这便是决断大事的能力。

小的勇气存在于日常生活的每一个细节中。"一年之际在于春，一日之际在于晨"。今天是双休日，可你有好多事要做，你有没有勇气起床呢？这自然是小事，但勇气可能发生在任何场合，面对困难是一种勇气，面对权势是一种勇气，面对金钱是一种勇气……

大的勇气则是"富贵不能淫，威武不能屈"的精神。那么，我们的勇气又是从什么地方来呢？要修炼，只有敢于面对一切，我们才会有成功的

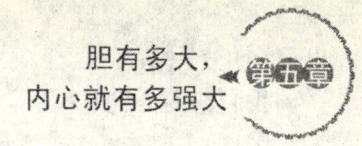

可能。

我们如果想从痛苦中走出,就必须擦干自己的眼泪,勇敢走入充满快乐的人群中,把自己的痛苦与友人共同分担。无论到什么时候,都要兴高采烈,把欢乐的情绪写在自己的脸上。

几十年前,一个中国青年在马来西亚创业时,他的兜里只有5元钱。

为了生存,他在这片土地上为橡胶园主割过橡胶,采过香蕉,为小饭店端过盘子……谁也不会想到,他后来成为马来西亚的一个亿万富翁。他就是谢英福,他的创业史被马来西亚人津津乐道地传诵着。

很多人试图找到他成功的秘密所在,但他们发现,他所拥有的许多机会对于大家都是平等的,惟一的区别可能是:他敢于冒险。他可以在赚到10万元的时候,把这10万元全部投入到新的行业中。这在那个动荡的投资环境中,一般人是很难做到的。

马来西亚总理马哈迪尔也熟知他。当时,马来西亚有一家国有钢铁厂经营不景气,亏损高达1.5亿元。总理找到他,请他援助该公司总裁,他爽快地答应了。

在别人看来,这是一个错误的决定,因为钢铁厂生产设备落后,员工凝聚力丧失,债务难还,这是一个巨大的洞,是无法用金钱填平的。谢英福却坦然面对媒体,他说:当年,我口袋里只有5元钱,这个国家令我成功,我现在要报效国家,如果我失败了,那就等于我损失了5元钱。

年近六旬的他从豪华的别墅里搬出来,来到了钢铁厂,在一个简陋的宿舍办公,他象征性的工资是每月马来西亚币1元。3年过去了,企业扭亏为盈,赢利达1.3亿港元,而他也成为东南亚钢铁巨头。他成功了,赢得让人心服口服。

而面对巨大的成功,谢英福竟笑着说:我只是捡回了我的5元钱。

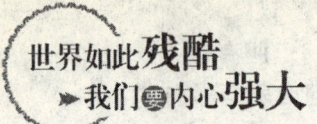

这就是成大事者的境界。

世界上有许许多多的人都做事不果断，不敢冒险，只求稳妥。要想成功，就一定要克服只求稳稳当当的弱点，要敢作敢为，让自己的胆子大一些，相信自己能冲破人生难关。只有果断决策、勇于冒险、敢于冒险的人，才可能成大事！

内心强大的秘密

冒险需要胆量，果断是战略的方法。胆略与战略的关系是潜能与智慧的关系，其间的微妙关系也不是一成不变的。

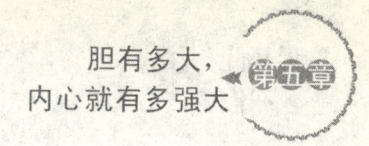

要想成功，你就要敢于冒险

做事必须要有闯劲，"闯"意味着勇气和胆量，"胆小不得将军做"。成功的把握总是相对的，失败的可能才是绝对的。没有人愿意在成功的路上出事，也从来没有一个不出事的成功者。当问题来的时候，如果你越怕误事，往往就有事；索性大胆去闯，反倒没事。做任何事情都不能只停留在空想阶段，一定要把想法快速落到实处，才能行之有效。

要想成就一番大事业，取得一番大成功，就要能把胆子放大，在不违背社会道德和法律制度的前提下，去冒最大的险。

你不得不为成功而冒险，正如你必须为失败而冒险一样。如果你试图逃避，或被压垮，你就输了。所以说，要想成功，你就要敢于冒险，并且敢冒最大的险。

任何领域的领袖人物，他们之所以能够成为顶尖人物，正是由于他们勇于面对风险。美国传奇式人物、拳击教练达马托曾经一语道破天机："英雄和懦夫都会恐惧，但英雄和懦夫对恐惧的反应却大相径庭。"

有一个胆小的人，他从来没有见过真正浩瀚的大海。有一天，他终于鼓足勇气去看了一次海。当他来到海边时，海上的气候让他庆幸自己不是一名水手。只见海的上空被浓厚的大雾笼罩着，空气潮湿且非常阴冷。他想:"幸好我只是个看海的人,而不是水手,在这样恶劣的环境下,当一个水手实在是太危险了。"

这时一名水手正准备出海,遇到了在海岸边若有所思的这个人。这个人奇怪水手为什么在这样的天气下还要出海,同时又佩服水手的勇敢,而水手则纳闷这个看海的人为什么在这里观海而不进一步接近海,于是他们交谈起来。

这个人好奇地问水手:"你怎么会爱海呢?海上的环境如此恶劣,空气潮湿阴冷,雾气又浓,而且还会有送命的危险。"

水手憨厚地回答说:"海也不是经常阴冷、有雾。很多时候,海是明亮而美丽的。但是不管怎样,我都是一名水手,是大海的儿子,使命就是在海上工作。一个水手当他热爱自己的工作时,才可以说他是一名称职的水手,他不会想什么危险,我们家里的每个人都对海充满了感情。"

看海的人问水手:"你父亲现在何处呢?"

水手自豪地说:"他已经死在海上了。"

这个人继续问:"那你的祖父呢?"

水手依然是那副自豪的表情:"与父亲一样也死在海上了。"

这个人接着问:"你的兄弟姐妹呢?"

水手说:"我只有一个哥哥,去年他在海里游泳时,被一条鲨鱼吞食了。"

那个人对水手说:"如果我换作你,我绝对不会再把海当做朋友,也不会再做一名水手。"

水手反过来问看海的人:"那你是否可以告诉我,你父亲死在哪里呢?"

"他死在了床上。"这个人说。

"你的祖父呢?"

"也是死在了床上。"

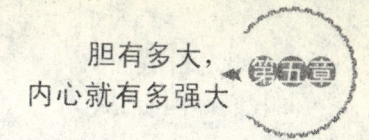

水手说:"如果按照推理,你也应该与他们一样,死在床上,如果我是你,我永远也不会到床上去。"

世上大多数人不敢走冒险的捷径。他们熙来攘往地拥挤在平平安安的大路上,四平八稳地走着,这路虽然平坦安宁,但他们永远也领略不到奇异的风险和壮美的景致。他们平平庸庸、清清淡淡地过了一辈子,直到走到人生的尽头也没有享受到真正成功的快乐和幸福的滋味。他们只能在拥挤的人群里争食,闹得薄情寡义也仅仅是为了填饱肚子,穿上裤子,养活孩子。这是一种难以逃避的风险,是一种越来越无力改善现状的风险。

"生于忧患,死于安乐"这句话说得很有道理。一个人如果长期处于安逸舒适的环境中,勇气、意志、雄心就会被安乐的气氛逐渐消磨掉,失去战斗力,一旦环境发生变化,这种平平淡淡、安安乐乐的生活也过不久了。人们必须随时注意磨炼自己的意志,激发自己的勇气。

理想的生活方式就涵盖在现实的平常生活方式之中,只有具备探险的勇气才能发现它。在你的身上,本来具备着打破旧的生活格局迎来新格局的巨大潜能,可是它被现实平庸的作为掩盖着。

只有具备风险意识,无所畏惧,勇于探索和实践,你的潜能才能发挥出来。完全地展示自己的才能,实现自己追求的目标,才能领略到人生的欢愉。

如果你不愿意冒险,只会失去更多,严重的话甚至全盘皆输。就算你不肯冒风险,风险终究会找上门来,这是你无法避免,终将碰上的事。

就算逃得了一时,总有一天,你会被迫面临一个你不愿去面对的局面,要么就勉强接受,要么就匆匆冒险而行,结果可能更坏。如果一直逃避冒险,那么你一辈子可能都长不大,永远畏首畏尾,瞻前顾后,不敢相

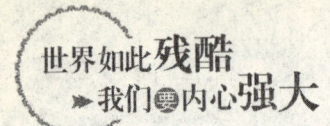

信任何事。只要人活着,就随时有机会成长,然而如果你避开一切压力,你将受限于越来越少的经验,你的世界会过于萎缩,生活也终将僵化,使你碰到任何可能的威胁时,动辄便觉沮丧。更糟糕的是,所有外界的动态在你眼里都是一种威胁,于是你总是本能地想要回避,想要退缩。

放开你的胆子,勇于冒险,你就能比想象的做得更好。在勇于冒险的过程中,你就能使自己的平淡生活变成激动人心的探险经历,这种经历会不断地向你提出挑战,不断地奖赏你,也会不断地使你恢复活力。

内心强大的秘密

做人要想成就一番大事业,取得一番大成功,就要能把胆子放大,在不违背社会道德和法律制度的前提下,去冒最大的险。

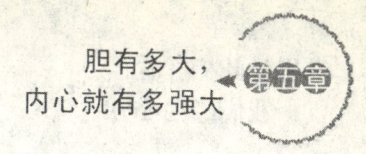

人有多大胆，地有多大产

有的人办事顾虑太多，畏缩不前，结果寸步难行，一事无成；人有多大胆，地有多大产，你必须有大无畏的英雄气概，该干就干，该闯就闯，不要前怕狼后怕虎。

古今中外的事例都可以看到，软弱的领导者难成大业；软弱的病人是病魔的奴隶；软弱的人民，国家不会富强；软弱的人类将造成地球的末日。

为什么软弱的人难成大业呢？在古代，有哪一个朝代不是因为朝政的腐败而改朝换代？如果有一个勇敢机智的皇帝，朝政还会腐败吗？在《鸿门宴》里，项羽虽然是一个很有实力的统帅，掌握重兵，但是因为他的软弱而没有在宴会上杀掉刘邦，造成了后来"四面楚歌"，中了刘邦的十面埋伏，魂断乌江。所以，一个软弱的人如项羽，即使有范增这样有才能的谋士，也由于本身的软弱，最终难成大业。

一个想做大事之人，如果不亲身经历险境，就不能获得成功；如果不经过艰苦的实践，就不能取得重大的成就。

该出手时就出手，不要被恶劣事物唬住，战胜"恶魔"首先要战胜自己！看似最危险之处，也许就是安全之处；看似最强大之处，也许却是最薄弱之处。事物规律并非人们预料的那样，往往有它自己特殊的一面。

世界如此残酷
我们要内心强大

第二次世界大战期间，纳粹德国给世界人民带来巨大的灾难。但在战争期间，其军事将领们也给战争史留下许多经典战例。

1942年2月12日中午，英国海军和空军重兵布防的英吉利海峡上空，一架英国战斗机在例行巡逻。突然，飞行员发现有一队德国舰队大摇大摆地从远处开了过来，他立即将这一发现向司令部报告。英国司令部的军官们大惑不解：德国舰队怎么可能在大白天从英吉利海峡通过，是不是飞行员搞错了？英国人忙于思考和争论，却没顾及到时间正一分分流走。直到过了近一个小时，又一架英军侦察机发现德舰已经闯入海峡最窄也是最危险的地段了，并且正在全速行驶，英军指挥官们这才意识到严重性，等他们判定真相，调集部队，下令进攻时，德国舰队已然远离了最危险的地段。整个下午，英军虽然不断出动飞机、驱逐舰对德国舰队进行拦截，但由于仓促上阵，反而被严阵以待的德军沉重打击。就这样，德国人在英国人的眼皮底下，将驻泊在法国布雷斯特港内的舰队顺利地移至挪威海面，增强了那里的战斗力。

原来，这一切都是德军为完成这次战略转移精心策划的大胆行动，因为从法国到挪威有两条路线可走，一条是向西绕过英伦诸岛，这条航线路途遥远，费事费力，如果遭遇兵力占绝对优势的英国军队，后果不堪设想；另一条航线则是直穿英吉利海峡，但此处有英海空军的重兵布防，同样是危机重重。最后，德军指挥官经过反复权衡后，决定在英国根本没有想到的情况下，出其不意地闯过英吉利海峡，在夜间出发，白天通过英吉利海峡最危险的多佛和加莱之间的地段。

这一大胆冒险的行动果然成功，庞大的德国舰队在飞机的掩护下，在英国人认为绝不可能的时候出现，在英军来不及判断和阻挠的情况下，明目张胆地闯过英吉利海峡，给英国人上了一堂生动的战争教学课。

成功往往是由于克服重重困难而得到，它的一条有效的捷径便是：想

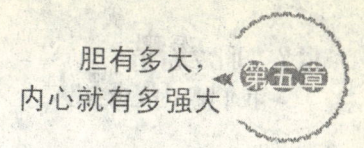

别人敢想的,做别人不敢做的。

1905年度的诺贝尔文学奖获得者、波兰作家亨利克·显克微支说:"冒险的步骤通常会有成功的结局。"

1990年,在温布尔登举行的网球锦标赛女子组半决赛中,16岁的前南斯拉夫选手塞莱丝与美国女选手津娜·加里森对垒。

随着比赛的进行,人们越来越清楚地发现,塞莱丝的最大对手并非加里森,而是她自己。赛后,塞莱丝垂头丧气地说:"这场比赛中双方的实力太接近了,因此,我总是力求稳扎稳打,只敢打安全球,而不敢轻易向对方进攻,甚至在加里森第二次发球时,我还是不敢扣球求胜。"

而加里林却恰恰相反,她并不只打安全球。"我暗下决心,鼓励自己要敢于险中求胜,决不能优柔寡断,犹豫不决。"津娜·加里森赛后谈道,"即使失了球,我至少也知道自己是尽了力的。"结果,加里森在比赛中先是领先,继而胜了第一局,后来又胜了一局,最终赢得全场比赛。

当遇到严峻形势时,人们习惯的做法是小心谨慎,保全自己。不是考虑怎样发挥自己的潜力,而是把注意力集中在怎样才能缩小自己的损失上。正像塞莱丝的经历一样,这种人的结果大都会以失败而告终。

生活中,常有这样的现象,同样一件事,因为存在一定的风险,甲经过细算,认为有60%的把握,便抢占时机,先下手为强,因而取胜。乙在谋划时过于保守,认为必须有90%甚至100%的把握才下手,结果坐失良机。

吉姆·伯克晋升为美国翰森公司新产品部主任后的第一件事,就是要开发研制一种供儿童使用的胸部按摩器。然而,这种产品的试制失败了,伯克心想这下可要被老板炒鱿鱼了。伯克被召去见公司的总裁,然而,他

世界如此残酷 我们要内心强大

受到了意想不到的接待。"你就是那位让我的公司赔了大钱的人吗?"总裁问道,"好,我倒要向你表示祝贺,你能犯错误,说明你勇于冒险。而如果你缺乏这种精神,我们的公司就不会有发展了。"数年之后,伯克成了翰森公司的总经理,他仍牢记着前总裁的这句话。

香港商人陈玉书在他的自传《商旅生涯不是梦》里指出:"致富秘诀,在于大胆变通,眼光独到。譬如说,地产市场我看好,别人看坏,事实证明是好,我能发大财;反之,我看好,别人看坏,事实证明是坏,我便要受大损失,甚至破产;如果大家都看好,我也看好,事实证明是对了,则也仅仅能糊口而已。"

托·斯摩莱特说:"并非所有的人都能成功,勇于进取者往往要冒失败的风险。"

走运的人一般都是大胆的。除了个别的例外情况,最胆小怕事的人往往是最不走运的。幸运可能会使人产生勇气,反过来勇气也会帮助你得到好运。不过,无论何时你要记住:人有多大胆,地有多大产。

内心强大的秘密

在勇冒风险的过程中,我们就能使自己的平淡生活变成激动人心的探险经历,这种经历会不断地向我们提出挑战,不断地奖赏我们,也会不断地使我们恢复活力。

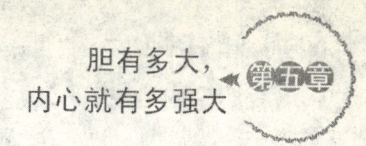

该断就断,绝不犹豫

生活中,总会有很多人一事当前时举棋不定、犹豫不决,在采取措施前总是要去和他人商量。这种主意不定、意志不坚的人,自己都不相信自己,也就更不会被他人所信赖。

有些人的优柔寡断简直到了无可救药的地步,他们不敢决定任何事情,不敢担负起应负的责任。而他们之所以这样,是因为他们不知道事情的结果会怎样——究竟是好是坏,是凶是吉。他们常常对自己的判断产生怀疑,不敢相信他们自己能解决重要的事情。当然因为他们的犹豫不决,也使他们美好的想法陷于破灭。

有一则故事,说从前西方有位哲学家,年轻的时候,整日埋头于哲学研究。有一天一位漂亮的姑娘对他说,我想嫁给你。哲人想,我一个人挺好的,要结婚,得让我想想。于是哲人就思考来比较去地在那儿琢磨。犹豫了十年,然后他对姑娘的父亲说,请把你的姑娘嫁给我。姑娘的父亲说:"亲爱的先生,你来得太迟了。我的女儿已是三个孩子的妈妈了。"哲人回家后,后悔不已,结果郁闷而亡。临死的时候,他焚掉所有的书稿,只留下两句话——前半生不犹豫,后半生不后悔。

踌躇不决,几乎是每个人都必须克服的敌人。有人曾将2500位遭受失败的男女加以分析,揭开一个事实,即:"踌躇不决"在失败的31项重大因素中,名列前茅。

可在现实生活中,不管是大事还是小事,我们中的大多数人总是喜欢踌躇不决。其实机会总是稍纵即逝的,等到犹犹豫豫决定好以后,一切已是物是人非、沧海桑田了。西方人总提倡"try it"(试一试),有人将它译成"踹一踹"那扇通向成功的大门,如果你不踹它一踹,总以为它是关着的,难以逾越的。与其在门前徘徊犹豫,虚度光阴,还不如勇敢地伸出你的右脚,毫不犹豫地踹它一脚,也许这扇大门就敞开了,也许这扇大门本身就是虚掩着的,关闭只是它的表象。

一个人的成功与果断决策的能力有着密切的关系。如果没有果断决策的能力,那么我们的一生,就像深海中的一叶孤舟,永远漂流在狂风暴雨的汪洋大海里,永远达到不成功的目的地。

某大学一位业务员前去拜访一位房地产经纪人,想把《推销与商业管理》课程介绍给这位房地产商人。

这位业务员到达房地产经纪人的办公室时,发现他正在一架古老的打字机上打着一封信。这位业务员自我介绍一番,然后介绍所推销的这个课程。那位房地产商人听得津津有味。听完之后,却迟迟不发表意见。

这位业务员只好单刀直入了:"你是否想参加这个课程?"这位房地产商人无精打采地回答说:"唉呀,我自己也不知道是否想参加。"

他说的是实话,因为像他这样难以迅速做出决定的优柔寡断的人有许多。

这位对人性有透彻认识的业务员,这时候站起身来,准备离开。但接着他采用了一种多少有点刺激的谈话技术,他的话让房地产商大吃一惊。

"我决定向你说一些你不喜欢听的话,但这些话可能对你很有帮助。

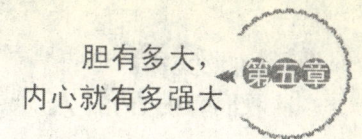

先看看你工作的办公室，地板脏得怕人，墙壁上全是灰尘。你现在所使用的打字机看来好像是大洪水时代诺亚先生在方舟上所用过的。你的衣服又脏又破，你脸上的胡子也未刮干净，你的眼光告诉我你已经被打败了。

"在我的想象中，在你家里，你太太和你的孩子穿得也不好，也许吃得也不好。你的太太一直忠实地跟着你，但你的成就并不如她当初所希望的。在你们刚结婚时，她本以为你将来会有很大的成就。

"请记住，我现在并不是向一位准备进入我们学校的学生讲话，即使你用现金预缴学费，我也不会接受。因为，如果我接受了，你也不会拥有去完成它的进取心，而我们不希望我们的学生当中有人失败。

"现在，我告诉你你为何失败。那是因为优柔寡断的你没有作出一项决定的能力。在你的一生中，你一直养成一种习惯：逃避责任，无法作出决定。错过了今天，即使你想做什么，也无法办得到了。

"如果你告诉我，你不想参加这个课程，那么，我会同情你。因为我知道，你是因为没钱才如此犹豫不决。但结果你说什么呢？你承认你并不知道你究竟参加或不参加。你已养成逃避责任的习惯，无法对影响到你生活的所有事情做出明确的决定。"

这位房地产商人呆坐在椅子上，下巴往后缩，他的眼睛因惊讶而膨胀，但他并不想对这些尖刻的指控进行答辩。这位业务员道声再见，走了出去，随后把房门轻轻关上。但却随即再度把门打开，走了回来，带着微笑在那位吃惊的房地产商人面前坐下来，又说："我的批评也许伤害了你，但我倒是希望能够触怒你。现在让我以男人对男人的态度告诉你，我认为你很有智慧，而且我确信你有能力。你不幸养成一种令你失败的习惯，但你可以再度站起来。我可以扶你一把，只要你原谅我刚才所说过的那些话。你并不属于这个小镇，这个地方不适合从事房地产生意。赶快替自己找套新衣服，即使向人借钱也要买来。我将介绍一个房地商人和你认识，他可以给你一些赚大钱的机会，同时还可以教你有关这一行业的注意事

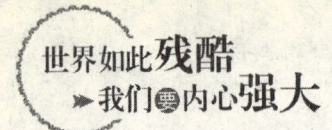

项,你以后投资时可以运用。你愿意跟我来吗?"

听完这些话,那位房地产商人竟然抱头哭起来。最后,他努力地站了起来,和这位业务员握握手,感谢他的好意,并说他愿意接受他的劝告,但要以自己的方式去进行。他要了一张空白的报名表,答应报名参加《推销与商业管理》课程,并且先交了头一期的学费。

三年以后,这位改掉了优柔寡断弱点的房地产商人开了一家拥有60名业务员的公司,成为最成功的房地产商人之一。

该断就断,绝不犹豫。如果优柔寡断,就难以适应激烈的市场竞争。市场竞争无比残酷,只有拥有相当的魄力才能杀出一条血路。面对机会,要能马上有清醒的认识,迎头赶上;面对突然的变故,要能迅速拿出强硬的手段应对,扭转形势,转危为安。做出一个决定也许只需要几分钟的时间,往往抓住了这几分钟,采取了及时得当的措施,你就能迈进一大步;如果不能抓住这几分钟,就只能眼睁睁地看着良机错失,后悔不迭了。

因此我们一定要从根本上克服犹豫不决、优柔寡断弊病。

内心强大的秘密

很多人不敢对每件事轻易决策,因为他们拿不准决定的结果孰好孰坏、孰凶孰吉。有些人本领很高,人格也不差,但就是因为决策不果断,而将良机错过,一生都没有获得成功。

第六章

坚持到底，让内心永远强大

我们每个人在向梦想前进时，都是非常艰难的，但在面对挫折与困境时，我们只有坚持下去，才能有所突破。命运全在搏击，坚持就是希望。对于内心强大的人，只要咬紧牙关，面对任何困难哪怕是死神，都不会退缩。

敢于坚持，就能够胜利

如果一件事情是正确的，就要坚持做下去，不管何人阻挡都要同样对待，反复说服，反复强调，反复渲染，不达目的，誓不罢休。面对顽固的对手，这是一种有力的武器。

做过宋朝太祖、太宗两朝皇帝宰相的赵普，对朝廷的政绩和忠诚都是非常明显的。虽然他的学问方面比同级官吏们稍差些，但他是一个勤勉的高级行政官员，他登上宰相职位以后，其不足的方面被太祖察觉。一天与太祖议政后太祖温和地劝他多看一点书，赵普从此以后手不释卷，退朝以后就把自己关在房门里读书。

这说明他是个兢兢业业、知不足而善补救的人。他的一生都全力投身于政治，以辅佐宋朝治理天下为己任，是不可多得的名相。

究其性格实质，他是个性格坚韧的人。

正是太祖一句委婉的批评，赵普养成了手不释卷的习惯；反过来，在辅佐朝政时自己认定的事情，就是与皇帝意见相悖，他也敢于反复地坚持。

世界如此残酷 我们要内心强大

赵普一次向太祖推荐一位官吏，太祖没有允诺。赵普没有灰心，第二天临朝又向太祖提出这项人事任命事项请太祖裁定，太祖还是没有答应。

仍不死心的赵普，第三天又提出来。

赵普连续三天，接连三次反复地提，同僚们也都想不明白，赵普何以脸皮这样厚。太祖这次动了气，将奏折当场撕碎扔在了地上。

但赵普自有他的做法，默默无言地将那些撕碎的纸片一一捡起，回家后再仔细粘好。第四天上朝，话也不说，将粘好的奏折举过头顶立在太祖面前不动。太祖被他的行为所感动，长叹一声，只好准奏。

国外有一种说法叫"人盯人"。同样的内容，两次、三次不断地反复向对方说明，从而达到说服的效果。运用这种说服法需要有坚韧的性格才行，内坚外韧，对一度的失败，绝不灰心，找机会反复地盯上门去。

内心强大的秘密

为了最后的胜利，任何屈辱都是可以忍受的。而不能忍一时之屈辱者，往往不能把事情进行到底。毕竟谁笑到最后，才是笑得最甜的。敢于坚持，就能够胜利！

在绝境中，我们还有生存的机会

我们常常倡导人们要懂得坚持，意思就是要人不要轻易放弃，因为在绝境中，我们还有生存的机会。

曾有两条欢天喜地的河，相约流向大海，它们从山上的源头出发。各自经过了翠绿草原、山林幽谷，最后在隔着大海的一片荒漠前碰头，相对叹息。

如果它们不顾一切地向前奔流，就一定会被干涸的沙漠所吸干，一切化为乌有；要是停滞不前，就永远也到达不了无边无际、自由的大海。云朵闻声而至，提出了一个拯救它们的办法。

但是，一条河绝望地认为云朵的办法是行不通的，执意不从；另一条河则不肯就此放弃投奔大海的梦想，毅然化成了蒸汽，让云朵牵引着它飞越沙漠，终于随着暴雨落在地上，还原成河水流到大海。

不相信奇迹的那条河，宿命地流向前方，最终被无情的沙漠吞噬了。

在我们面对生活的困境时，可以借鉴第二条河的选择，凭着自己坚定的梦想和信念，在绝处寻找生机，而不是用死亡来拒绝面对难题。

如果想到达终点，就不要轻易放弃，放弃了就永远也到不了终点；坚

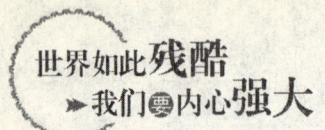

持不懈，最后就可能有一个圆满的结果。轻易放弃，我们永远也到不了终点。

一个人在人生低谷中徘徊，感觉自己支持不下去的时候，其实就是黎明的前夜，只要我们坚持一下，再坚持一下，就会看见亮丽的彩虹。

在一棵古老的橄榄树下，一天，乌龟听见一只长得很漂亮的雄鸽子说，狮王二十八世要举行婚礼，邀请所有的动物都去参加庆典。乌龟心里想，既然狮王二十八世邀请所有的动物都去参加庆典，自己是动物，也应该去！

就这样，乌龟上路了，在路上它碰见了蜗牛、壁虎、蜘蛛，还有一群乌鸦。它们先是发愣，然后规劝并嘲笑说："乌龟呀乌龟，不是我们说你，这么一个非常简单的道理你都不懂，婚礼马上就要举行，可你爬得这么慢，你能赶上吗？等你赶到，别说婚宴早已结束，洞房也已闹完，恐怕生下的小孩也已经长大成人可以举行婚礼了。"

但乌龟没有因为他们的嘲讽而退缩，执意前行。许多年后，乌龟终于爬到了狮王洞口。只见洞口到处张灯结彩，各类动物也几乎应有尽有。这时快活的小金丝猴告诉它说："今天，我们在这里庆祝狮王二十九世的婚礼。"

乌龟如果听了别人的规劝放弃前行的念头，就不可能赶上狮王二十九世的婚礼了！

内心强大的秘密

在面对生活的困境时，我们要选择坚持，这样我们才能凭着自己坚定的梦想，在绝境中寻找生机，而不是用死亡来拒绝面对难题。

坚持到底，
让内心永远强大

成功偏爱执著的追求者

对于人们来说，坚持二字说起来容易，做起来则没那么简单。对于这一点，马尔腾有精辟的解读："别人放弃，自己还在坚持，他人后退，自己照样前进，看不到光明和希望依然努力奋斗，这种精神是一切科学家、发明家取得巨大成功的原因。"

事实上，成功偏爱执著的追求者。对那些拒绝停止战斗的人来说，胜利随时都可能在等待他们。

我们如果发现自己所处的情势似乎与胜利无缘，那么，就可以展开一些对自己动机有利的行动。如果正面的攻击无法攻占目标，那么就试着从侧面去进攻。生命中很少有解决不了的难题。再困难的障碍也阻碍不了一个有动机、有决心、有计划，并且有足够的弹性来对抗情况变化的人。

其实对于许多失败，如果我们肯再多付出一点努力，再多坚持一分钟，或许是可以转化为成功的。

虽然成功会给我们带来成功，但也不免会有失败。

在物理学上，异性会相吸而同性则相斥，但人类彼此的关系则恰好相反。具有积极心态的人会吸引具有类似想法的人，消极的人只会与消极的人在一起。我们也会发现，当我们成功以后，其他的成就也会不断来到，这就是叠加的道理。

世界如此残酷
我们要内心强大

当事情愈来愈困难，大多数人都会放手离开，只有意志坚决的人，不到胜利的时候，决不肯轻言放弃。

在上学的时候，迪斯尼就对绘画和描写冒险生涯的小说特别地入迷，并很快读完了马克·吐温的《汤姆·索亚历险记》等探险小说。

在美国参加第一次世界大战后，不顾父母的反对，迪斯尼报名当了一名志愿兵，在军中做了一名汽车驾驶员。闲暇的时候，他就创作一些漫画作品寄给国内的一些幽默杂志，他的作品竟然无一例外地被退了回来，理由就是作者缺乏才气和灵性，作品太平庸。

战争结束后，迪斯尼拒绝了父亲要他到自己有些股份的冷冻厂工作的要求，他要去实现他童年时就立誓实现的画家梦。他来到了堪萨斯市，他拿着自己的作品四处求职，经过一次又一次的碰壁之后，终于在一家广告公司找到了一份工作。然而，他只干了一个月就被辞退了，理由仍是缺乏绘画能力。

迪斯尼终于和哥哥罗伊于1923年10月，在好莱坞一家房地产公司后院的一个废弃的仓库里，正式成立了属于自己的迪斯尼兄弟公司，不久，公司就更名为"沃尔特·迪斯尼公司"。

虽然历尽了坎坷，但他创造的米老鼠和唐老鸭几年后便享誉全世界，并为他赢得了27项奥斯卡金像奖，使他成为世界上获得该奖最多的人。他死后，《纽约时报》刊登的讣告这样写道：

"沃尔特·迪斯尼开始时几乎一无所有，仅有的就是一点绘画才能，与所有人的想象不相吻合的天赋想象力，以及百折不挠一定要成功的决心，最后他成了好莱坞最优秀的创业者和全世界最成功的漫画大师……"

是的，我们不害怕失败，害怕的是面对失败时的态度。迪斯尼面对别人的批评，面对失败，他没有放弃，没有否定自我，而是坚强地走了

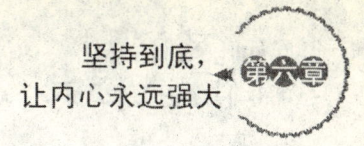

下去。

也许，无论我们怎样奋斗，都不会有迪斯尼那样的辉煌成就，可是，如果我们没有迪斯尼百折不挠、不怕失败的精神，我们注定不会成功。

坚持就是胜利，执著走向成功。还有一则故事值得一读。

1977年，美国一家园艺所在报上公布，要重金求购白色金盏菊，看到这条信息的一位老人，第一个反应就是要改变金盏菊原来的本色，这实在难以置信。然而仔细琢磨，又觉得或许真有这种可能，于是想试一试。

得知母亲要培育白色金盏菊，子女们都觉得那是异想天开。一个孩子泼冷水说："这事连专家都无能为力，你不懂种子遗传学，又这么大年纪了，怎么可能呢？"子女们都不愿做无用功，没有找到帮手，老人只好一个人做起来。

金盏菊有橘黄和淡黄两种颜色，满怀热切的希望，老人选择了淡黄色的来进行培育。金盏菊经过精心的照料，一株株拱出地表，一朵朵应时绽开。老人从中选出颜色最浅的做上标记，待其枯萎后选用这棵金盏菊的种子。用这种方式遴选含色素少的花，年复一年地培育，终于使金盏菊的颜色一年年泛白。

在这期间，老人的丈夫撒手尘寰，女儿远嫁他乡，即使生活发生了众多的变故，都未能动摇老人让鲜花变色的信念。终于有一天，老人所培育的金盏菊已不染一丝杂色，呈现出一片圣洁的雪白。蓦然回首，已送走了20个春秋。老人抑制不住成功的喜悦，欣然将花种寄给悬赏的那家园艺所。

将近一年的等待后，老人接到园艺所长打来的电话："我们见识了你培育的金盏菊，花朵的颜色确实洁白如雪。不过由于时间太久，过去许诺的奖金已无从兑现，你还有什么别的要求吗？"老人兴致不减地说："我只想问一下，你们要不要黑色的金盏菊？如果要的话，我也能把它种出来。"

自信源于过去的成功经验，许多艰难、困苦与挫折失败会出现在我们成功的过程中，战胜他们的最基本法则就是心理上先作好准备。要具有敏锐的目光，看清成功背后的真相，要有持续的毅力，坚持到困难向我们退缩，要有勇气和行动，当发现困难的弱点后不失时机地给它致命一击。

内心强大的秘密

世界上许多名人的成功都来自于克服千辛万苦，持之以恒的努力，只有这样，才会渐渐接近辉煌。稍有困难便更改航向或经不起外界的诱惑，恐怕会永远远离成功。

坚持到底，
让内心永远强大

坚持就是希望

退休时的希拉斯·菲尔德先生已经积攒了一大笔钱，然而，他这时又突发奇想，想在大西洋的海底铺设一条连接欧洲和美国的电缆。

说干就干，接下来他就全身心地开始推动这项事业。前期基础性工作包括建造一条从纽约到纽芬兰圣约翰、1000英里（约1609公里）长的电报线路。纽芬兰400英里（约644公里）长的电缆线路要从人迹罕至的森林中穿过，所以，要完成这项工作不仅包括建一条电报线路，还包括建同样长的一条公路。此外，还包括穿越布雷顿角全岛共440英里（约708公里）长的线路，再加上铺设跨越圣劳伦斯海峡的电缆，整个工程十分浩大。

使尽浑身解数，菲尔德总算从英国政府那里得到了资助。然而，在议会上他的方案遭到了他人的强烈反对，但菲尔德的铺设工作还是开始了。电缆一头搁在停泊于塞巴托波尔港的英国旗舰"阿伽门农"号上，另一头放在美国海军新造的豪华护卫舰"尼亚加拉"号上；不过，就在电缆铺设到5英里（约8公里）的时候，它突然被卷到了机器里面，弄断了。

不灰心的菲尔德进行了第二次试验。在这次试验中，在电缆铺好200英里（约322公里）长的时候，突然电流中断了，船上的人们好像死神就要降临一样，在船板上焦急地踱来踱去。就在菲尔德先生即将命令放弃这次试验、割断电缆时,电流突然又神奇地出现了,一如它神奇地消失一样。夜间,船以每小时4英里(约6公里)的速度缓缓航行,电缆的铺设也以每小时4英里的速度进行。这时,轮船突然发生了一次严重倾斜,制动器紧急制动,不巧又割断了电缆。

但菲尔德并不是一个容易放弃的人。他又订购了700英里(约1126公里)的电缆,聘请了一位专家设计一台更好的机器,以完成这么长的铺设任务。后来,英美两国的发明天才联手才把机器赶制出来。最终,两艘船继续航行,一艘驶向纽芬兰,另一艘驶向爱尔兰,结果它们都把电缆用完了。两船分开不到13英里(约21公里),电缆又断开了;再次接上后,两船继续航行,到了相隔8英里(约13公里)的时候,电流又没有了。电缆第三次接上后,铺了200英里,在距离"阿伽门农"号20英尺(约6米)处又断开了,两艘船最后不得不返回到爱尔兰海岸。

参与此事的很多人一个个都泄了气,公众舆论也对此流露出怀疑的态度,投资者也对这一项目没有了信心,不愿再投资。这时候菲尔德先生凭借他天才的说服力、百折不挠的精神,劝服众人使这一项目得以继续。菲尔德继续为此日夜操劳,甚至到了废寝忘食的地步,他决不甘心失败。

新的尝试于是又开始了。这次总算一切顺利,全部电缆铺设完毕,而没有任何中断,铺设的消息也通过这条漫长的海底电缆发送了出去,一切似乎就要大功告成了,但突然电流又中断了。

所有这一切困难都没吓倒菲尔德。他又组建了一个新的公司,继续从事这项工作,而且制造出了一种性能远优于普通电缆的新型电缆。1866年7月13日,新一次试验又开始了,并顺利接通,发出了第一份横跨大西洋的电报!电报内容是:"7月27日,我们晚上九点达到目的地,一切顺利。感谢上帝!电缆都铺好了,运行完全正常。希拉斯·菲尔德。"

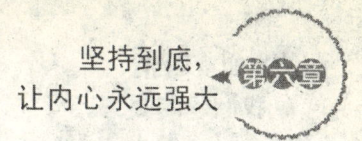

坚持到底，
让内心永远强大

坚持就是希望，命运全在搏击。对于意志坚强的人，只要咬紧牙关，面对任何困难哪怕是死神，都不会退缩。

内心强大的秘密

不同的人生态度会造就不同的人生。乐观者能面向阳光看到希望，而悲观者只能背向阳光看见自己的影子。

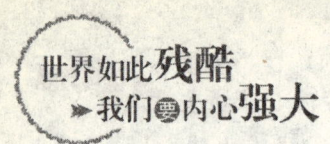

成功属于禁得起困难洗礼的人

有人把一个有雄心壮志的人比做是一根弹簧,越是有压力的时候就越能显示出自己的能力,遇挫而更强。当我们还没有走出家庭和学校的温室时,心安理得过着衣食无忧的生活,但是当我们一脚跨进社会大门时,才会明白,原来庇护我们的避风港没有了,迎接我们的将是惊涛骇浪。一时间,有的人在困难面前迷茫了,认为希望就像肥皂泡一样破灭了。但越是这个时候,我们更应该懂得,这只是我们人生真正考验的开始。面对严峻挑战的时候,有的人这样安慰自己"退一步海阔天空",有的人退缩了,其实这样的思想是万万要不得的,因为这是懈怠的迹象和苗头。我们应该有"欲穷千里目,更上一层楼"的雄心壮志,坚决不与困难妥协,从而克服一切困难,走向成功。

总是向父亲抱怨自己生活艰辛的艾米,不知该以何种态度来面对生活中的困扰,她已厌倦与困难抗争的生活,因为生活中的问题屡屡发生,似乎从来没有过间断。于是她想要自暴自弃。

艾米的父亲是位厨师,一天,他把艾米带进厨房。三口锅里分别倒入了一些水,然后放在旺盛的火苗上。锅里的水不久烧开了。他将胡萝卜放进了第一口锅里,鸡蛋放进了第二口锅里,最后一口锅里放入碾成粉状的

咖啡豆。艾米的父亲整个过程没有说一句话。

看着父亲的一举一动,艾米有些不耐烦了。20分钟过后,父亲熄灭火,将煮熟的胡萝卜捞出放入一个碗内,鸡蛋放入另一个碗内,咖啡倒进了一个杯子里。然后,他转身看着不耐烦的女儿说:"亲爱的,你看见什么了?"

无精打采地艾米说:"煮熟的胡萝卜、鸡蛋、咖啡啊!这有什么稀奇的?"

他让艾米靠近些并用手去摸胡萝卜。艾米惊呼道:"胡萝卜变软了。"父亲又让艾米将那只煮熟的鸡蛋壳剥掉,她看到的是只煮熟的鸡蛋。最后,父亲让她品尝了煮熟的咖啡。艾米贪婪地享受着咖啡的香浓,刹那间露出了笑容。她怯声问道:"爸爸,这意味着什么?"

父亲告诉艾米说:"胡萝卜、鸡蛋、咖啡这三样东西面临同样的逆境——煮沸的开水,可态度却截然不同:胡萝卜尚未入锅之前结实、生硬不向逆境低头,而进入开水后就变软了,向逆境妥协了;再看鸡蛋,没下锅之前易破碎,而经开水一煮,内脏变硬了,也随着坚强起来了;咖啡豆就更独特了,进入沸水后,它们不但没有失去自己的本色,反而改变了水。其实,你完全可以屈服于环境,也可以改变环境,关键取决于你对困难所持有的态度。"

是的,真英雄不怕遭遇挫折,真金不怕火炼。没有经历过失败的人生不是完整的人生。巴尔扎克曾说过:"挫折和不幸,是天才的进身之阶;信徒的洗礼之水;能人的无价之宝;弱者的无底深渊。"所以说,成功属于禁得起困难洗礼的人,他们才是真正的英雄。

没有挫折的考验,就不会有真正的英雄;没有河床的冲刷,就不会有钻石的璀璨。正因为有挫折,才能体现出勇士与懦夫的区别。

一切成功的起点都是欲望,但在将欲望变为成功的过程中,坚韧的意志是人最重要的个性特点之一。大凡成功者，都能够冷静地面对事业进展过程中每一个关键时刻。正是因为这一点，他们才能在困难的形势下，稳健地追求着自己的梦想。

　　而有些人却缺乏这样的个性，他们总是欲望强烈，而意志脆弱。所以，遇到不利于自己的局势，就会听任脆弱的意志摆弄，直到他所追求的目标成为记忆中一个遥远的影子。

　　冠军永远都是那些被打倒了还会再爬起来、百折不挠的人。一次、两次不成，就再试几次。能不能成功，全看我们能否坚持到底。

内心强大的秘密

　　多数人没有达到目标，原因就在于不能坚持。百折不挠的毅力，是成功人生的必备条件。

坚韧是解决一切困难的钥匙

坚韧是一种成功的素质，是一种坚强的意志力。"任尔东南西北风，咬定青山不放松。"

坚韧是解决一切困难的钥匙，看看那些有所成就的人，有哪一个是不经坚韧的考验而获成功呢？

在我们平实的生活中，有无数因坚韧而成功的事例。坚韧可以使穷苦的孩子，努力奋斗，最终找到生活的出路；使一些残废人，也能够靠着自己的辛劳，养活他们年老体弱的父母；使柔弱的女子们养活她们的全家。除此之外，如桥梁的建筑、山洞的开凿、铁道的铺设，没有不是靠着坚韧而成功的。人类历史上最大的功绩之一——美洲新大陆的发现，也要归功于开拓者的坚韧。

在这个世界上，坚韧是任何东西都代替不了的，教育不能替代，父辈的遗产和有力者的垂青也不能替代，而命运则更不能替代。

成大事立大业者的特征之一就是能够秉持坚韧。这些人获得巨大的事业成就，也许没有其他卓越品质的辅助，但肯定少了掉坚韧的特性。使从事苦力者不厌恶劳动，使生活困难者不感到沮丧，使终日劳碌者不觉疲倦，都是由于这些人具有坚韧的品质。

已过世的克雷吉夫人说过："美国人成功的秘诀，就是不怕失败。他们在事业上竭尽全力，毫不顾及失败，即使失败也会卷土重来，并立下比以前更坚韧的决心，努力奋斗直至成功。"我们常常看到，有些人遇到了一次失败，便把它看成拿破仑的滑铁卢，从此一蹶不振，失去了勇气。可是，在刚强坚毅者的眼里，却没有所谓的滑铁卢。那些一心要得胜、立意要成功的人即使失败，也不以一时失败为最后之结局，还会继续奋斗。

生活中，有这样一种人，不论做什么他们都能全力以赴，总是有着明确而必须达到的目标，在每次失败时，他们笑容可掬地站起来，然后下更大的决心向前迈进。

历史上许多伟大的成功者，都是由坚韧而造就的。发明家在埋头研究的时候，是何等的艰苦，一旦成功，又是何等的愉快。世界上一切伟大的事业，都在坚韧勇毅者的掌握之中，当别人开始放弃时，他们却仍然坚定地去做。真正有着坚强毅力的人，做事时总是埋头苦干，直到成功。

有许多人在开始做事时充满热忱，但因缺乏坚韧与毅力，不待做完便半途而废，有始无终。任何事情往往都是开头容易而完成难，所以要估计一个人才能的高下，不能看他着手所做事情的多少，而要看他最终完成的有多少。例如在赛跑中，裁判是计算跑到终点时间的先后，并不计算选手在跑道上出发时怎样快。

要考察一个人成功与否，要看他能否善始善终，有无恒心。持之以恒是人人应有的美德，也是完成工作的要素。一些人在与别人合作完成一件事时，起先是共同努力，可是到了中途遇到了阻碍便感到困难，于是多数人就停止合作了，只有那少数人，还在勉强维持。可是这少数人如果没有坚强的毅力，工作中再遇到阻力与障碍，势必也随着那放弃的大多数同归失败。

王杰在给一位从事商业的朋友推荐店员时，举出了这个人的许多优点，做商人的朋友问道："他能长久保持这些优点吗？"这实在是很重要的

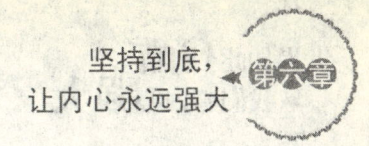

问题。首先是,有没有优点?然后是,有了优点,能否保持?遇到失败,能否坚持不懈?所以,具有坚韧勇毅的精神是很宝贵的,具有这种精神才能克服一切艰苦困难,达到成功的愿望。

坚韧的意志力是一种心智状态,是可以培养训练的。

坚韧的意志力,是成功者必备的素质,是克服漫漫人生路上数不尽的艰难困苦的利器。没有坚韧与毅力,一遇困难,便半途而废,成不了任何事情,人生怎能出色?

内心强大的秘密

依靠坚韧为资本而终获成功的年轻人,比以金钱为资本获得成功的人要多得多。人类历史上所有成功者的故事都足以说明:坚韧是克服贫穷的最好药方。

最好的总会到来

我们必须清楚：在向梦想前进的旅途中，并不都是一帆风顺，充满了荆棘，但在面对困境与挫折时，我们要想有所突破，只有坚持下去。

被认为是美国历史上最伟大的总统之一的罗纳德·里根，年轻时的一段经历让他终身难忘，也教会了他如何面对挫折。

"最好的总会到来。"每当他失意时，他母亲就这样说，"如果你坚持下去，总有一天你会交上好运。并且你会认识到，要是没有从前的失望，好运是不会发生的。"

是的，母亲说的没错，1932年从大学毕业后，里根发现了这点。他当时想在电视台找份工作，然后再设法去做一名体育播音员。于是他搭便车去了芝加哥，敲响了所有电台的门，但都失败了。在一个播音室里，一位很和气的女士告诉他，冒险雇用一名毫无经验的新手对大电台来说是不可能的。

女士告诉他："再去试试，找家小电台，那里可能会有机会。"里根又搭便车回到了伊利诺伊州的迪克逊。虽然迪克逊没有电台，但他父亲说，蒙哥马利·沃德开了一家商店，需要一名当地的运动员去经营它的体育专柜。由于里根少年时在迪克逊中学打过橄榄球，于是他提出了申请，那工

作听起来正合适,但他没能如愿。

里根感到十分失望和沮丧。他母亲提醒他说:"最好的总会到来。"父亲借车给他,于是他驾车行驶了70英里来到了特莱城。他试了试爱荷华州达文波特的WOC电台。节目部主任彼特·麦克阿瑟是个很不错的人,他告诉里根他们这里已经雇用了一名播音员。当里根离开这个办公室时,受挫的心情一下子发作了。里根大声地喊道:"要是不能在电台工作,又怎么能当上一名体育播音员呢?"说话的时候,他正在那里等电梯,突然听到了麦克阿瑟的叫声:"你刚才说体育什么来着?你懂橄榄球吗?"接着,麦克阿瑟让里根站在一架麦克风前,叫他凭想象播一场比赛。里根脑中马上回忆起去年秋天时,他所在的那个队在最后20秒时以一个65米的猛冲击败了对方。他在那场比赛中,打了15分钟。他便试着解说那场比赛,然后,麦克阿瑟告诉他,他将选播星期六的一场比赛。

里根在回家的路上,就像自那以后的许多次一样,想到了母亲的话:"如果你坚持下去,总有一天你会交上好运。并且你会认识到,要是没有从前的失望,好运是不会发生的。"

在人生奋斗中,一个人若没有经历过失败,他就难以尝到人生的辛酸和苦涩,难以认识到生命的底蕴,也就不可能进入真正宁静祥和的境界。不慎跌倒并不表示永远的失败,唯有跌倒后失去了奋斗的勇气才是永远的失败。我们若以平常心观之,失败本身也就不足为奇。

生活在西汉王朝的鼎盛时期的司马迁,伺候的是雄才大略的汉武帝刘彻。

在司马迁小的时候,父亲就给他灌输成大事的思想,"每五百年就会出现一部伟大的作品,现在距离孔子作《春秋》已经有五百年了,又该出现伟大的人物和作品了。"司马迁牢记着父亲的话,也是这句话孕育着他

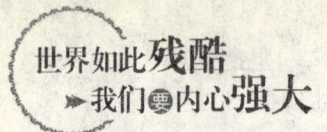

想成为那位伟大人物的雄心壮志。

汉武帝发展农业,大力兴修水利,养兵征战开拓疆域,使华夏版图空前辽阔。这些都成了司马迁成就《史记》的历史背景。

司马迁为了完成这部鸿篇巨制的史书,考察古代流传下来的趣闻轶事,实地巡访祖国的名山大川,了解和搜集各种散失的历史资料,行程几万里,历经数年,为写作《史记》搜集了大量的材料。公元前108年,司马迁被正式任命为太史令,开始了《史记》的编撰工作。

公元前98年,名将李广的后人李陵率兵攻打匈奴,陷入重围,兵败投降。朝臣们讳言主将李广利的无能(李广利是皇亲国戚,他妹妹是汉武帝的美人),将败北责任都推到李陵身上,而司马迁这时候却为李陵辩护,他认为李陵是名将李广之后,绝对不会无缘无故投降的。因为这件事,司马迁落了个"诬罔主上"的死罪。按汉律规定,交50万钱或受宫刑可以免除死罪,司马迁家贫,交不出钱赎罪,但为了实现编写《史记》的雄心,只好蒙受宫刑的奇耻大辱。

两年后,司马迁遇大赦出狱,被汉武帝任命为"中书令",继续《史记》的撰写工作。

受刑后的司马迁,遭受着世人百般耻笑和诽谤,神情恍惚,终日冷汗渗背,苦不堪言。纵然如此,历经十几个春秋,他仍是笔耕不辍,大约在公元前93年,完成了这部史学巨著:中国第一部融史学、文学于一体的纪传体通史——《史记》,实现了自己的鸿鹄大志,理清了中国从远古到汉武帝的历史。

能经受住像司马迁一样苦难的人,在我们现实生活中并不多,而随便的小小打击就使人一蹶不振的事例却屡见不鲜。

一个平凡人成为一个领域的英雄或者成为一个时代的英雄,大多是挫折和磨难使然。因为英雄和平凡人的区别就在于,英雄在逆境中抓住了逆

境背后的机遇,在绝境中创造了奇迹。而平凡人在逆境中选择了随波逐流,在绝境中选择了放弃。遇到困难,不要回避困难,积极面对,我们才有机会成功,才能做出大事业。

内心强大的秘密

每个人都想成就一番辉煌的事业,但成就大事业并不是一帆风顺的,要经过一番磨炼,才可能获得豁然开朗的境界,功成名就的业绩。

挫折只是人生中的一道小坎儿

有这样一则寓言：

有两只青蛙不小心在觅食中，掉进了路边一只牛奶罐里。牛奶罐里的牛奶已经不多了，但却足以让青蛙们体验到什么叫灭顶之灾了。

一只青蛙想：这下完了，这回是死定了，这么高的一只牛奶罐，我是永远也出不去了。于是，它很快就沉了下去。

另一只青蛙并没有一味地沮丧、放弃，而是不断告诫自己："上帝给了我坚强的意志和发达的肌肉，我一定能够跳出去。"它每时每刻都鼓起勇气，鼓足力量，一次又一次奋起、跳跃——生命的力量与美就展现在它每一次的搏击与奋斗里。

没过多久，它突然发现脚下黏稠的牛奶变得坚实起来。原来，它的反复跳动和践踏，已经把牛奶变成了一块奶酪。不懈的奋斗和挣扎终于换来了自由的一刻。它从牛奶罐里轻盈地跳了出来，重新回到了绿色的池塘里。而那一只沉没的青蛙就那样留在了那块奶酪里，它做梦都没有想到会有机会逃离险境。

一只小小的青蛙在面临危险的时候都能坚持到最后，我们又有多少人

能做到这一点呢?

我们在生活中所遭遇的各种各样的困难挫折,就像是压在我们身上的"泥沙"。只要我们以锲而不舍的精神将它抖落掉,然后站上去,"泥沙"就变成了成功道路上的垫脚石。

堪称是日本足以向世界夸耀的国际大音乐家、著名指挥家的小泽征尔先生,之所以能够取得今天的地位,都是从他参加贝桑松音乐节的"国际指挥比赛"开始的。

在这之前,他是默默无闻的。

他决心参加贝桑松的音乐比赛,来个一鸣惊人,经过重重困难,他终于充满信心地来到欧洲。但一到当地,就有莫大的难关在等待他。

他到达欧洲之后,他的手续不齐全,这么一来,他就无法参加期待已久的音乐节了!

他尽全力积极争取,没有就此放弃。

经过重重争取,终于在两星期后,他收到美国大使馆的答复,告知他已获准参加音乐比赛。这表示他可以正式地参加贝桑松国际音乐指挥比赛了!

参加比赛的人总共有60位,他很顺利地通过了第一次预选。终于来到正式决赛,此时他严肃地想:"好吧!既然我差一点就被逐出比赛,现在就算不入选也无所谓了!不过,为了不让自己后悔,我一定要努力。"

后来他终于获得了冠军。

他就这样建立了世界大指挥家不可动摇的地位,从他的努力中我们可看出,直到最后,他都没有放弃,很有耐心地奔走于各个环节。为了参加音乐节,尽了最大的努力,如此才能为他招来好运——获得贝桑松国际指挥比赛优胜、成为享誉国际的名指挥家,建立现在的地位。

世界如此残酷
我们要内心强大

在生活中，我们个人生活与事业同样都不可避免地要遇到各种各样的挫折。面对困难和挫折，有的人会出现恐慌、暴怒、悲哀、沮丧、退缩等情绪，影响了学习和工作，损害了身心健康。这种人就是缺乏雄心壮志，甘愿平庸的人。有的人却能够笑对挫折，对环境的变化做出灵敏的反应，善于把不利条件化为有利条件，摆脱失败，走向成功。

对于要实现的目标，我们要有坚定的信念和不断向前的野心，那样，我们便能战胜逆境。如果能够树立起一种成大事的雄心壮志，我们便会把挫折仅仅看成是我们要越过的障碍，看成是对我们的智慧的挑战。相反，那些缺乏雄心壮志甘愿平庸的人，就缺乏这种坚强的力量，他们往往把挫折变成摧毁自我信念的工具，变成自己前进道路上不可逾越的难关。

任何挫折都只是人生中的一道小坎儿，可真正能跨过坎儿的人很少，大多数人只会埋怨小坎儿为什么总是缠着他。

内心强大的秘密

"艰难困苦，玉汝于成。"困难可以炼就人的素质，提高人的才干，磨炼人的耐性及承受能力。只要你能坚持不懈，困难自会低头，成为磨炼我们坚强性格的磨刀石。

坚持到底，
让内心永远强大

最后的笑声才是最甜的

每个成功的人，在奋斗的过程中都会吃尽苦头，而最后的笑声才是最甜的，最后的成功才是具有决定意义的，起初的成就和痛苦都只不过是为后来而设的奠基石。

1970年出生于上海的黄文涛，生下来就双目失明。他从小离开父母的怀抱，去上盲校，养成了自己照顾自己的习惯，懂得了自立、自尊、自信、自强。1985年，黄文涛加入了盲童学校田径队，开始了他的体育生涯。

短跑和跳远是他的主攻方向，可想而知，残疾人搞体育会遇到多少无法想象的困难和意外。当时使用的还是非常落后的助跑器，踏脚板用一根细长的铁钉支着。在一次训练中，出了意外，铁钉斜伸出来，一个正常人可以很轻易地看出来，但他却什么也看不见。一脚踏上去，一股钻心的疼痛便从脚底下传出，疼得他一下昏了过去。原来铁钉穿过了跑鞋底和他的脚掌，又从鞋面扎了出来。正是因为先天的缺陷，残疾人搞体育运动要付出许多在正常人看来非常无谓的代价。教练员的示范动作，他看不清，只能"盲人摸象"似的一步步分解、揣摩，一遍遍练习。

黄文涛在1992年参加了巴塞罗那残奥会。黄文涛沉着冷静超水平发

挥,以3厘米之差打败了西班牙的胡安,赢得了冠军。当他站在领奖台上,聆听庄严的国歌奏响的时候,心中充满了自豪感。

黄文涛如果对自己悲观失望,如果踩到钉子后就向命运认输,放弃追求,如果……在失败、挫折面前一旦意志涣散,人就会很快并永远地沉沦下去,命运就会把我们踩在脚下。只要摔倒了再爬起,不停地努力,失败了再坚持,困难也会怕我们的。

生活中,每个人都会面临失败的考验,考验他们的心态、他们的意志。不必否认,成功者也会失败,但他们之所以能够成功,就在于他们失败了以后,不是为失败而哭泣流泪,不是消极厌世,而是从失败中总结教训,并勇敢地站起来,抚平伤痕继续前行……

1864年9月3日这天,郊区的一座工厂突然爆炸了,大火吞没了整个工厂。火场旁边,站着一位三十多岁的年轻人,突如其来的惨祸和过分的刺激,已使他面无血色,浑身不住地颤抖着……这个大难不死的青年,就是后来闻名于世的阿尔弗莱德·诺贝尔。

这场大火使他的家庭也受到了很大打击,几位亲人也因为这场大火失去了生命和健康。

但困境并没有使诺贝尔退缩,几天以后,在远离市区的马拉仑湖出现了一艘巨大的平底驳船,驳船上并没有装什么货物,而是摆满了各种设备,一个青年人正全神贯注地进行一项神秘的实验。他就是在大爆炸中死里逃生、被当地居民赶走了的诺贝尔。

在令人心惊胆战的实验中,诺贝尔没有连同他的驳船一起葬身鱼腹,而是碰上了意外的机遇——他发明了雷管。雷管的发明给人们带来了很多益处,人们又开始亲近诺贝尔了。他把实验室从船上搬迁到斯德哥尔摩附近的温尔维特,正式建立了第一座硝化甘油工厂。接着,他又在德国的汉

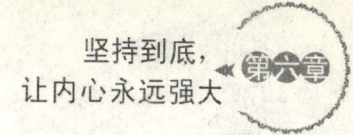

堡等地建立了炸药公司。一时间，诺贝尔生产的炸药成了抢手货，源源不断的订单从世界各地纷至沓来，诺贝尔的财富与日俱增。

然而，获得成功的诺贝尔并没有摆脱灾难。

不幸的消息接连不断地传来：在德国一家著名工厂因搬运硝化甘油时发生碰撞而爆炸，整个工厂和附近的民房变成了一片废墟；在旧金山，运载炸药的火车因震荡发生爆炸，火车被炸得七零八落；在巴拿马，一艘满载着硝化甘油的轮船，在大西洋的航行途中，因颠簸引起爆炸，整个轮船全部葬身大海……一连串骇人听闻的消息，再次使人们对诺贝尔望而生畏，甚至把他当成瘟神和灾星。如果说前次灾难还是小范围内的话，那么，这一次他所遭受的已经是世界性的诅咒和驱逐了。人们把灾难都归到了诺贝尔一人身上了。面对接踵而至的灾难和困境，诺贝尔没有一蹶不振，他身上所具有的毅力和恒心，使他对已选定的目标义无反顾，永不退缩。在奋斗的路上，他已习惯了与死神朝夕相伴。

炸药的威力曾是那样不可一世，然而，大无畏的勇气和矢志不渝的恒心最终激发了他心中的潜能，最终吓退了死神，征服了炸药。诺贝尔赢得了巨大的成功，他一生共获专利发明权355项。他用自己的巨额财富创立的诺贝尔科学奖，被国际科学界视为一种崇高的荣誉。

不经历风雨怎么见彩虹，任何一个走向成功的人，都不是平平坦坦、一帆风顺的，都会走一些弯路，经历一些坎坷，在一次又一次地跌倒之后才能为成功找到出路和方向。

内心强大的秘密

有时，所谓的"失败"只是一种假象，它会引领我们走向成功，将我们的人生从旧有的模式引向一个更新、更好、更理想的航程。

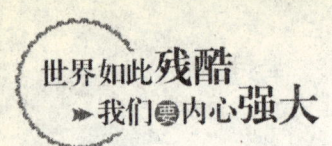

下一步就是成功

世界上的许多成功者,他们之所以成功,并不是他们有多努力,或是有更聪明的大脑,只在于他们多坚持了一刻——有时是一年,有时是一天。

由于胡里奥用世界上六国语言演唱的唱片已经销售了10亿多张,因而他获得《吉尼斯世界纪录》创办者颁发的"钻石唱片奖"。说来也奇怪,他的成功竟是由于一起车祸引起的。

1963年9月,胡里奥在跟朋友的一次聚会中受了伤。在别人认为他的身体无法恢复的时候,他凭借自己的毅力坚持了下来,以至于恢复健康。

1968年,他于法学院毕业,他曾打算进外交使团。那时,音乐仅是一种消遣,长期而孤独的恢复期使胡里奥产生了灵感,他写出了自己的第一首歌《生活像往常一样继续》。

尽管他迟疑过,最后还是同意在西班牙一年一度为流行音乐举行的最重要的比赛——"本尼多姆歌节"上演唱那首歌。胡里奥在那次比赛中获得了一等奖。这首歌一时在全国流行起来,并成了一部西班牙电影的片名,他主演了这部电影,这部影片是根据他和瘫痪做斗争的经历而写的,这样他又成了一位电影明星。

第六章 坚持到底，让内心永远强大

作为一个世界性的音乐家，公众对他的接受需要一个漫长的过程。在他用歌声征服拉丁美洲听众的过程中，他首先得征服村民们，使他们知道胡里奥是谁。他1971年在巴拿马时，露宿在公园的长凳上，身无分文。就在这种情况下，他也没有怀疑过美好的明天。他身体上的复原让他决心不放弃任何梦想。

1972年，《献给佳丽西娅的歌》结束了黑暗的日子，这首歌那跳动的民间节奏，使得它流行于整个欧洲和南美。

很快，他又推出了其他流行曲目。1974年，他的唱片《Manuel》使他在法国成为第一个获得金唱片奖的西班牙歌手。

1981年，胡里奥写的自传《在天堂和地狱之间》一书中，描述了自己婚姻的破裂，其痛苦的程度不亚于那次瘫痪。他体会到了失败，陷进了深深的绝望之谷。那时他觉得他的双腿又瘫了，可一位精神病医生对他说，是他的思想出了问题："你应该像从前那样，把自己投入到事业中去。"有位医生建议："继续你已开展的事业——不达顶峰不罢休。"

有了这些鼓励，胡里奥感觉好多了。从那以后，他严格遵守医生的指导，时刻不忘20年前的自我疗法：每天要比昨天多迈出一步。

胡里奥假如没有信心、勇气和铁一般的毅力，那么今天他可能只是一个默默无闻的残疾人。

胡里奥回顾瘫痪时的黑暗之日，发现有很多东西值得感激。他说："我在音乐方面获得的一切成就，都来源于那次痛苦。"现在健康、愉快和出名的胡里奥·依格莱西斯，他的生活本身证明了他写进第一首歌《生活像往常一样继续》中的箴言：人总有理由生存，总有理由奋斗！

一些人认为所谓成功，无非就是那套ABC理论——才智、勇气和闯劲。但要想成功光有这三条是远远不够的。我们还必须以顽强的耐力对付生活中遇到的各种障碍、坎坷。布克·特·华盛顿曾说过："我以为，衡

世界如此残酷
我们要内心强大

量一个人成功与否，不完全是以他在生活中所得到的地位为标准的，而是由他在努力通往成功的路上越过的障碍多少作为尺度的。"

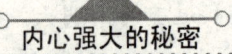
内心强大的秘密

我们每个人都得对付那些令人头痛的、失意的事情。我们暂且把地位问题放在一边，为了成功，你必须具有耐力。

在被击倒的地方重新爬起来

当我们受到打击时,不要灰心丧气,要想办法让自己重新爬起来,抓住更大的目标,争取更大的成绩。

里维伦德·鲍勃·理查德曾在奥运会上得过冠军,他是一个成功者。

理查德能够夺得冠军的秘密是:决定试一试,并且马上行动。早在幼年,他就懂得:要实现某种目标,首先必须这样想,其次必须这样做。

在13岁时,理查德就下决心,要当一名杰出运动员。他选择了撑杆跳高,训练时间超过了1万小时,他从1万小时的训练中悟出了一个"秘诀":你希望做什么——你决定做什么——决定你能够做到什么。

但是,我们或许提出疑问:"理查德天赋良好,身体健康,四肢发达,这才是他成功的原因。"不对,任何确立了生活目标的人,只有不懈地努力工作才会成功。

有一位身体不像理查德那样健壮的运动员,让我们看一看他是怎么成功的。这位叫登普西的运动员生下来时右手变形,右脚只有一半,可是从小他的父母就帮助他树立起这样的信念:"我是能够做事的,我会有成就的。"

和其他孩子一样他参加了童子军,他不顾残疾坚持和他们一起参加行程10英里的野营活动。长大后,他决定去打橄榄球。经过不断的练习,他掌握了打球的技术。于是,他申请加入新奥尔良的职业橄榄球队。教练劝他不要参加,而他坚持要求,教练只能让他当候补射手。

最初,他们只不过想让他试一试,可没想到,他的球艺丝毫不比健康球员逊色。他可以把球踢进50米外的球门里,他们就让他在各种表演赛中出场。他越踢越好,一场共得了99分。

一场关键性的比赛真正考验了他。当时新奥尔良队落后1分,就在比赛只剩下最后几秒钟的时候,全体队员还没过45.72米线,正巧对方犯规,教练换上了登普西踢任意球。登普西下猛射,球从57米外直飞球门,中了!结果新奥尔良队以19比17获胜。

我们可以看出,登普西和理查德的认识是正确的:人们能够做到他们想做而且努力去做的事。而说不行的人却永远不行。

大多数人的才能和志气都深藏潜伏着,必须要外界的东西予以激发,志气一旦被激发,如果又能加以继续关注和教育,就能发扬光大,否则终将萎缩而消失。志气和才能又如火一样,如果我们不小心呵护它,它就会被风刮灭而让黑暗占据我们的空间。

美国有一个16岁的年轻小伙子,许多年前在一家著名的五金公司当收银员,每个月领着极微薄的薪水,但他仍然心满意足地卖力工作,因为他希望能通过自己脚踏实地的工作,有朝一日能高升,最终达到前途无限。所以做起事来,他处处小心留意,永远抱着学习的态度,想把工作做得十分完美。他希望能够获得经理的赏识,提升他为推销员。谁知他的经理对他的印象却恰好相反。

一天,他被唤进经理室遭到了训斥,经理告诉他说:"老实说,你这种人根本不配做生意。但你的臂力健硕无比,我劝你还是到铁厂里当一名

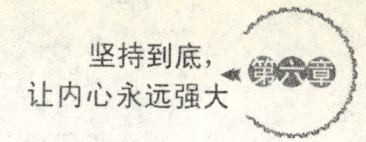

坚持到底，
让内心永远强大

工人去吧！我这里用不着你了。"

对于那位小店员来说，这一番训斥简直是平地响雷，他想不到素来自以为做得不错，却会得到这样相反的结果。一个踏入社会不久，年轻气盛的人，便遭受这样严重的打击，换了别人谁也受不了。他们定将气得暴跳如雷，从此做起任何事情来，都要抱着消极的态度，不肯"劳而无功"了。但这个年轻人并没有这样做，虽然被辞退了，但他仍有自己的理想。他要在被击倒的地方重新爬起来，争取更大的成绩。

"是的，经理，"他说，"你当然有权将我辞退，但你无法消磨我的意志。你说我无用，当然，这也是你的自由，但这丝毫不减损我的能力。看着吧！迟早我要开一家公司，规模比你的大十倍。"

他说的句句是实话，他并没有吹牛，从此，他借着这次受辱的激励努力上进，几年后，果然有了惊人的成就。也许我们还不知道他是谁吧？他就是美国鼎鼎大名的玉蜀黍大王史坦雷先生。

史坦雷先生如果没有这次的刺激，当然也会力求上进，但即使他能如愿以偿，结局也不过是成为一名五金公司的推销员而已。可是在经理的一顿训斥后他惊醒了，"心满意足"的心理被打消了，抓住了更大的目标。这才能从一个无名的小店员，一跃而成为世界有名的"大王"。足见有时受一次严重的打击，往往能够使我们获得莫大的益处。

内心强大的秘密

在困难面前摔倒是难免的，最关键的是你能够重新站起来，并且承受一次又一次的摔倒，这样坚持到底，不灰心，不放弃，才能取得胜利。

第七章

保持本色,做强大自我的主人

有人说过,人生就是一场戏,我们都是戏中的一个过客,在这短暂的舞台上扮演着自己的角色,可能有时候会身不由己,但只要我们做到最本我、最真实,就会发现,我们虽然带着脸谱,但绝对是最美丽的!

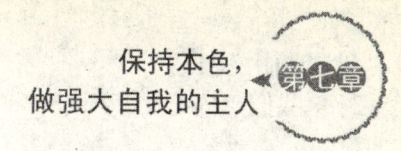

保持本色，
做强大自我的主人

过自己想要的生活

有一种毛毛虫，它们在森林中行走的方式很奇特。它们都以自己的头紧连着前面那条毛毛虫的尾部，一边走一边吃它们最喜欢的橡树叶。

生物学家为了测试这种毛毛虫的盲目性究竟有多强，曾将一串毛毛虫放在花盆旁，让它们首尾相连。只见毛毛虫开始围着花盆绕圈，一只接着一只地走着相同的路。虽然食物近在咫尺，但是这一群绕成圆圈的毛毛虫，却因为只会盲目地跟着其他毛毛虫的脚步行动，竟然就这么一圈一圈地绕下去，直至饿死为止。

有些人也像这种毛毛虫一样，一辈子都在盲目地跟着别人的脚步走，一点也不清楚自己要的是什么，直到生命终了的时刻，才发现原来自己并不曾真正活过。

人要切忌盲从，别人觉得好的，未必就适合你，过自己想要的生活才是活着的根本。

《伊索寓言》里有这样一个故事：

城市老鼠和乡下老鼠是好朋友。有一天，乡下老鼠写了一封信给城市老鼠，信上写道："城市老鼠兄，有空请到我家来玩，在这里，可以享受乡间的美景和新鲜空气,过着悠闲的生活,不知意下如何?"

城市老鼠接到信后,高兴得不得了,立刻动身前往乡下。到那里后,乡下老鼠拿出很多大麦和小麦,放在城市老鼠面前。城市老鼠不以为然地说:"你怎么能够总是过这种清贫的生活呢?住在这里,除了不缺食物,什么也没有,多么乏味呀!还是到我家玩吧,我会好好招待你的。"

乡下老鼠于是就跟着城市老鼠进城去了。

乡下老鼠来到那么豪华、干净的房子,非常羡慕。想到自己在乡下从早到晚,都在农田上奔跑,以大麦和小麦为食物,冬天还在那寒冷的雪地上搜集粮食,夏天更是累得满身大汗,和城市老鼠比起来,自己实在太不幸了。

聊了一会儿,他们就爬到餐桌上开始享受美味的食物。突然,"砰"的一声,门开了,有人走了进来。他们吓了一跳,飞也似的躲进墙角的洞里。

乡下老鼠吓得忘了饥饿,想了一会儿,戴起帽子对城市老鼠说:"乡下平静的生活,还是比较适合我。这里虽然有豪华的房子和美味的食物,但每天都紧张兮兮的,倒不如回乡下吃麦子,来得快活。"说罢,乡下老鼠就离开城市回乡下去了。

其实,每一个人对生活的看法都是不同的。有的喜欢富足,有的崇尚自由,自己想要什么样的生活完全由自己决定。不要让别人的思想左右了你,只要你自己喜欢,只要你能为自己的快乐而满足,你就可以享受属于你的生活。如果你一直觉得不满,那么即使你拥有了整个世界,也会觉得伤心。

还有一则讲小白兔和大灰狼的童话故事。

小白兔的生活观念简单而实际,守住萝卜,好好生活,为此,她每天

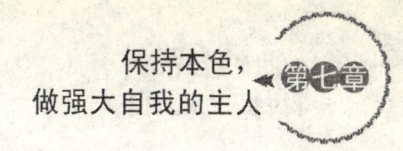

都忙忙碌碌的，播种、耕耘、收获、储存，她单纯得近乎发傻。而大灰狼则又懒又馋，不爱劳动，只图享受。

有一天，大灰狼去小白兔家做客，他淋漓尽致地描述了一番尝过的口福，并对小白兔说："我们一起出去吃现成的吧。我看你一年到头忙得累死累活，多没意思呀！"

小白兔听了大灰狼的描述，的确感到自己的生活过得太艰苦，自己的岁月过得太可怜。但是，她认为，自己在艰苦的劳动中得到了一份快乐，在自食其力中得到了一份安慰，在别的地方是很难找到这份快乐和安慰的。

于是，她对大灰狼说："你还是一个人去吧，我不去了。我还是喜欢守着自己的萝卜过日子。"

果然，冬天来了，大灰狼再也找不到食物，这时他才由衷地渴望，即使身边有个萝卜也是好的。而此时，小白兔正在她的窝里，品尝着萝卜的鲜美，以及生活的恬静。

一个个童话故事似乎都揭示了人类的生活。面对这个物欲横流的社会，一头扎进享受物质、追求刺激的漩涡，只能被激流卷走，后悔不迭。若是坚定自己的生活态度，甘心在平稳的小河里游弋，即使有再大的危机，也能够平稳如初。

所以，不要一味羡慕别人的景美物丰，坚守自己的阵地，一样会过得快乐而自由。

内心强大的秘密

不要一味羡慕别人的景美物丰，坚守自己的阵地，一样会过得快乐而自由。

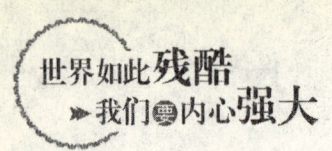

给自己一个准确的定位

对自己有准确的定位,人生才不会稀里糊涂、浑浑噩噩,走到哪儿算哪儿。懂得定位,就可以采用理性的态度追求更好的生存状态,就可以把命运的主权握在自己手中。

人对自己的状态要自知,对自我的认识要准确、客观。老子在《道德经》中讲"知人者智,自知者明",智是自我的智慧,明是心灵的澄明。"知人者",知于外;"自知者",明于道。智者,知人不知己,知外不知内;明者,知己知人,内外皆明。所以说,一个了解自己的人才具备真正的智慧,才能准确定位自己的人生。

很多人不能正确地给自己定位,表现出来就是不能正确对待自己的成败,待人处世瞻前顾后、患得患失、优柔寡断,还常为一些细枝末节和鸡毛蒜皮的事情而心情抑郁、落落寡合;有的人甚至对人生的转折点束手无策、消沉颓丧,发出无可奈何的哀叹。这些问题都是因为对自我定位不准确造成的。

其实,在人心里,都有以自我为中心的怪病,认为自己聪明、智慧、勇敢、大方,集万千优点于一身。与此同时,又有自卑心理,觉得自己不漂亮、不优秀,比不上张三,也比不上李四,甚至连王二麻子都比自己强。在骄傲和自卑间游走,人心的疲累可想而知。为什么我们会有这种患

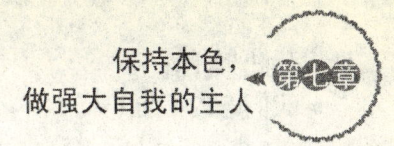
保持本色，
做强大自我的主人

得患失的心理呢？原因就在于对自我了解的不透彻，最终导致整体定位的失衡。

要给自己定位，首先要对自己有一个基本的认识，不回避自己的缺点、妄自菲薄，也不自高自大，而是要敢于正视自己。假如自己平凡，就要敢于正视自己的平凡；假如自己卓越，也要敢于直面自己的卓越。因为不管是平凡还是卓越，都有它存在的价值与意义。

现在，你就要试着问自己：

我是否已经很清楚、很明确地知道自己想要达成的目标？

我是否决定了就马上去做，毫不迟疑，从不拖延找借口？

我是否心胸开阔，有容纳不同意见的雅量？

我是否常常乐于请教别人，吸收别人的经验和智慧？

我是否具备努力求知的欲望和永不满足的心理？

我是否了解自己的长处和短处，并全力去发挥自己的长处？

我在父母、朋友面前是个什么样的人？

我是否以积极肯定的心态，面对所有的事物？

我是否意志坚定，绝不向困难、挫折低头，永不放弃？

想清楚上面的这些问题，对自己，你就有一个初步的自我定位了。

这里有一个捞鱼的故事：

有位老人在集市上摆了一个捞鱼的小摊子，人们可以花一元钱买一张小鱼网（舀子）来捞鱼，捞到了就可以把鱼带走。这个极具成就感的游戏吸引了很多大人和小孩的注意。

一天，一个年轻的大学生来到这里。他买了三张渔网，可三张网都破了，还是一条鱼都没有捞到。大学生心中十分懊恼，便不高兴地对摆摊的老人说："老板，你这网做得太薄了，一碰到水就破，怎么可能捞到鱼呢？你是要我们的吧？"

世界如此残酷
我们要内心强大

老人语重心长地说:"年轻人,我这网绝对可以把鱼捞起来。只是当你看中自己想要捞的那条大鱼的时候,你有打量过你手中的网是否真的有那个能耐吗?有追求不是坏事,但也要了解自己有没有那个实力。"

老人随手接过大学生手中的网,一会儿就捞起了一条活蹦乱跳的小鱼。

"年轻人,捞鱼跟追求事业、爱情、金钱是一个道理。当你沉迷于一个大目标时,要衡量自己是否有那个实力,不能好高骛远。"

在我们的人生道路上,在理想与现实之间、动机与行为之间,总隔着一定的距离。超越这个距离,靠的是你对自己的判断力。你只有认清自己的能力,给自己一个准确的定位,才能跨过阻碍,实现理想。

内心强大的秘密

人生在世,一个很关键的问题就是认清自己——我能做什么、想做什么、怎样做以及成为一个什么样的人。

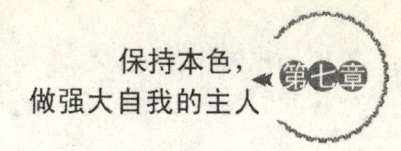

别人看得起自己，不如自己看得起自己

一个纽约的商人看到一个衣衫褴褛的尺子推销员，顿生一股怜悯之情。他把1美元丢进卖尺子人的盒子里，准备走开，但他想了一下，又停下来，从盒子里取了一把尺子，并对卖尺子的人说："你跟我都是商人，只不过经营的商品不同，你卖的是尺子。"

几个月后，在一个社交场合，一位穿着整齐的推销商迎上来，并自我介绍："你可能已经记不得我了，但我永远忘不了你，是你重新给了我自尊和自信。我一直觉得自己和乞丐没什么两样，直到那天你买了我的尺子，并告诉我，我是一个商人。"

"推销员"一直作乞丐，不就是因为缺乏自信心吗？就是从纽约商人的一句话中，"推销员"找到了自尊和自信，并开始了全新的生活。从中我们不难看出自信心的威力。缺乏自信常常是性格软弱和事业不能成功的主要原因。

居里夫人曾经说过："生活对于任何一个人都非易事，我们必须要有坚忍不拔的精神，最要紧的，还是我们自己要有信心。我们必须相信，我们对一件事情具有天赋的才能，并且无论付出任何代价，都要把这件事情完成。当事情结束的时候，你要能够问心无愧地说：'我已经尽我所能

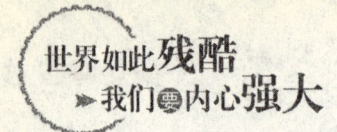

了.'一个人只要有自信,那么他就能成为他所希望成为的人。"

在现实生活中放弃自己的权利,让别人的意志来决定自己生活的人实在不少。他们把自己上学、择业、婚姻……统统托付或交给他人,失去了自我追求,自我信仰,也就失去了自由,最后变成了一个毫无价值的人。人生最大的缺失,莫过于失去自信。

一位画家把自己的一幅佳作送到画廊里展出,他别出心裁地在旁边放了一支笔,并附言:"观赏者如果认为这画有欠佳之处,请在画上作上记号。"结果画面上标满了记号,几乎没有一处不被指责。过了几日,这位画家又画了一张同样的画拿去展出,不过这次附言与上次不同,他请每位观赏者将他们最为欣赏的妙笔都标上记号。当他再取回画时,看到画面又被涂满了记号,原先被指责的地方,却都换上了赞美的标记。

这位画家不受他人的操纵,充满了自信。他自信而不自满,善听意见却不被其所左右,执著但不偏执。

画展里的这种情况,我们在现实生活里会常常碰到。同样的事,同样的人,常常会出现不同的待遇,产生不同的结果。仔细想想,这也并不奇怪,因为每一个人的眼光各不相同,理解事物的角度也不尽一样。所以遇事要运用正确的思维方式,不要完全相信你听到的看到的一切,也不要因为他人的指责、鄙视而轻视自己,产生自卑感。

爱迪生曾经尝试用1200种不同的材料作白炽灯泡的灯丝,都没有成功。有人批评他:"你已经失败了1200次了。"可是爱迪生不这么认为,他充满自信地说:"我的成功就在于发现了1200种材料不适合做灯丝。"

如果我们遇事都能这样考虑问题,采用这种积极的思维方式,哪里还会有烦恼,哪里还会有自卑感?人的自卑感的存在和产生,并不是由于自己在能力或知识上不如人,而是由于自己不如人的心态和感觉。为什么会

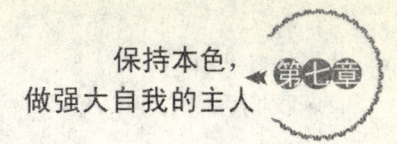

产生不如人的心态和感觉呢？是因为有些人常常不用自己的"尺度"来判断和评价自己，而喜欢用别人的"标准"来衡量自己。说白了，就是喜欢拿自己与他人相比较，尤其喜欢拿别人的优点长处与自己的缺点和短处相比较。原本这些不一样的东西，是不能进行比较的，越比较，就越自卑。

这些简单、明显的道理，只要你相信它，接受它，遇事就会掌握正确的思维方式，保持良好的心态，摒弃自卑，找回自信，学会让自己支配自己，由自己去安排自己的生活，由自己去策划自己的人生。

你自信能够成功，成功的可能性就大为增加。你如果心里认定自己会失败，就永远不会成功。没有自信，没有目标，你就会俯仰由人，一事无成。

每个人都会确立一些人生的目标，要实现这些目标，首先你必须相信自己能够做到。千万不要让形形色色的雾迷住了双眼，不要让雾俘虏你。在实现目标的过程中遇到挫折时，请记住，困难都是暂时的，只要充分相信自己，终能等到云开雾散的那一天，而丧失自信心，不仅会带来失败，还常常会酿成人间悲剧。

自信就是自己信得过自己，自己看得起自己。美国作家爱默生说过："自信是成功的第一秘诀。"人们常常把自信比作发挥主观能动性的闸门，启动聪明才智的马达，这是很有道理的。确立自信心，要正确评价自己，发现自己的长处，肯定自己的能力。自信不是孤芳自赏，夜郎自大；更不是得意忘形，毫无根据的自以为是和盲目乐观；而是激励自己奋发进取的一种心理素质，它代表一种高昂的斗志、充沛的干劲、迎接生活挑战的乐观情绪，是战胜自己、告别自卑、摆脱烦恼的灵丹妙药。

内心强大的秘密

别人看得起自己，不如自己看得起自己。只有充分认识自己的长处，才能保持奋发向上的劲头。

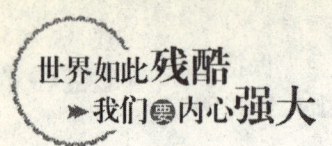

人不可能十全十美

我们都在寻求完美,可是完美是什么呢?

有一个小故事,讲的是有个圆被切去了很大一块三角,它想让自己恢复完整,没有任何残缺,于是四处寻觅失落的部分。因为它残缺不全,只能慢慢滚动,所以能在路上欣赏野花,能和毛毛虫聊天,享受阳光。它找到各种不同的碎片,但都不合适,所以只能把它们留在路边,继续往前寻找。

有一天,这残缺的圆找到了一块非常合适的碎片,开心得很,把它胡乱地拼上,开始滚动。现在它是完整的圆了,能滚得很快。但它却发觉因为滚动太快,看到的世界好像完全不同,于是它停止了滚动,把补上的碎片丢在路旁,又慢慢地滚走了。

人往往在有所失去的时候,特别盼望能够找回自我。其实,心中满怀希望和期待是人的一种本能,它会让你懂得珍惜和感恩,使你受益一生。

能认识到自己有种种遗憾,勇于放弃不切实际的梦想而坦然的人,可以说是近乎完美的。

我们每一个人的人生都会有这样或那样的不足,能如残缺之圆继续在

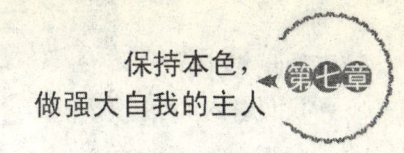

人生之途滚动并细尝沿途滋味，就能达到完整。这就是生命所能赋予我们的：不求事事如愿，但求问心无愧。

古语云：甘瓜苦蒂，物不全美。从理念上讲，人们大都承认"金无足赤，人无完人"。

正如世界上没有十全十美的东西一样，也不存在神通广大的完人。在认识自我、看待别人的具体问题上，许多人仍然习惯于追求完美，求全责备，对自己要求样样都行，对别人也要面面俱到。

难道那些伟人、名人果真都是十全十美、无可挑剔吗？绝非如此。任何人总有其优点和缺点两个方面。

美国大发明家爱迪生有过一千多项发明，被誉为"发明大王"，但他在晚年却固执地反对交流输电，一味主张直流输电。

电影艺术大师卓别林创造了生动而深刻的喜剧形象，但他却极力反对有声电影。

人是可以认识自己、把握自我的。人的自信不仅是相信自己有能力和价值，同时也要认识到自己有缺点和毛病。我们不苛求完美，因为我们每个人的两重性是不易改变的。所以，我们应当保持这样一种心态和感觉：我知道自己的长处、优点，也知道自己的短处、缺点，我深知自己的潜能和心愿，也看到自己的困难和局限。

自我容纳的人，能够实事求是地看待自己，也能客观公正地看待别人，这样就会抛弃骄傲自大、清高孤僻、鲁莽草率之类导致失败的弱点。我们以这种自我认识、相互包容的观念意识付诸行动，就能从自身条件不足和不利环境的局限中解脱出来，不必藏拙，不怕露怯。即使明知在某方面不如别人，只要是自己想做的事，也会敢于行动。因为任何一个人只有经过跌跌撞撞，爬起来再来，才能学会诸多本领和技能。

有些人由于不能实事求是地对待自己的缺点，拿出勇气，去革新和突破自己，所以，他们情愿不做事、不讲话、不交际，也不愿意在别人面前暴露自己的弱点。在灯光灿烂、乐曲悠扬的宴会厅里，他们很想站起来跳舞，可是怕别人笑话自己舞技拙劣，宁愿做一晚上的看客。跳得好的人越多，观众越多，他们就越鼓不起勇气。

美国著名的管理学家彼得·德鲁克在《有效的管理者》一书中写道：倘要所有的人没有短处，其结果最多是形成一个平庸的组织。所谓"样样都是"，必然"一无是处"。才干越高的人，其缺点往往也越明显，有高峰必有深谷。

谁也不可能十全十美，与人类现有的知识、经验、能力的汇集相比，任何伟大的天才都有缺陷。一位经营者如果只能见人之所短而不能见人之所长，从而刻意于挑其短而不是着眼于其长，这样的经营者本身就是弱者。有些人，搞不清楚为什么要放弃完美，因为不追求完美将达不到理想的目标。而事实是，我们大多数时候只有放弃完美，才能树立起自信自爱的意识，才能真正地认识和确立自己的价值、选择和追求。

内心强大的秘密

任何人都有缺点和弱点，任何人也都有无知、无能的一面，只不过表现在不同的事情上而已。因而，人人在自我表现和与人交际中都会有"出丑"的时候。

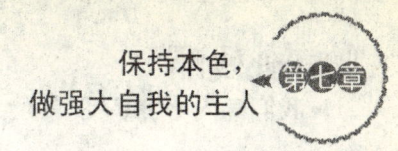

保持本色，
做强大自我的主人

运行在自己的轨道上

美国一位著名心理学家认为：现代人之所以活得很累，心里很容易产生挫折感和种种焦虑，甚至不快，是因为迷失和淹没在各种目标中了。

现代人常把自己的思绪搞得一团乱，却很少有人进行必要的自我调节。在这种混乱的生活状态中，人的内心渐渐失去平衡，变得没有条理，生活的目的也跟着盲目起来。他们不知道自己所为何来，也不知道自己终将怎样。他们的想法很多，却不知从何着手。他们的思维混乱，长久下去便会产生心理疾病，从而又影响到了健康。人如果总是这样，就没有幸福可言，并会失去最主要的东西，丢掉眼前的一些机会，变成"为明天而生活"的痛苦者。

有这样一个故事：有两个学生拜奕秋为师学习下棋。其中一个学生每次听课都全神贯注，一心一意地听奕秋讲解棋道；而另一个学生虽然很聪明，但上课时总是心不在焉，而且他今天想学下棋，明天又想学画画，不时地有新想法冒出来。

一次上课时，有一群天鹅从他们头上飞过，那个专心的学生连头都没有抬一下，浑然不觉。而心不在焉的学生虽然看着也像是在那里听，但心里却想着拿了箭去射天鹅，而且想着有一天要做一名出色的弓箭手。若干年后，那位专心致志的学生成了一名出色的棋手，而另一位呢，却一事无成。

一般情况下，人对生活的迷失都是因为所要或所想的太多，而又一时达不到目标造成的。这种想法使很多人不能将精力专注于一项事业，他们总是目标多多，反而错过了许多近在眼前的景色，丢掉了一些可以马上把握的机会。人无法专注，总是做着这件事，又想着那件事，结果什么都做不好。内心的挫折感不断加大，结果只能是脚步匆匆，再也没有宁静。

一个人的精力是有限的，把精力分散在好几件事情上，不是明智的选择，而是不切实际的考虑，因为在通常状况下，这几件事情都不会做得很好。而如果每次我们专心地只做好一件事，精力便能够集中，也必定有所收益。等这件事做完后，再去做下一件事，这样我们每件事都能够做得很好了。

大凡成功人士，都能专注于一个目标。林肯专心致力于解放黑人奴隶，并因此成为美国最伟大的总统。伊斯特曼致力于生产柯达相机，这为他赚进了数不清的金钱，也为全球数百万人带来了不可言喻的乐趣。

每天都花一点点时间问一下自己的内心：你真正想要的是什么？什么才是你人生中最主要的？慢慢地，你会发现，那些遥远的不切实际的东西都是你行动的累赘，而那些离你最近的事物才是你的快乐所在。把精力集中在最能让你快乐的事情上，别再胡思乱想偏离正确的人生轨道。

一个平凡的上班族迈克·英泰尔在37岁那年作了一个疯狂的决定，放弃薪水优厚的记者工作，把身上所有的钱捐给街角的流浪汉，只带了干净的内衣裤，由阳光明媚的加州，靠搭便车与陌生人的好心，横越美国。

他的目的地是美国东岸北卡罗莱纳州的恐怖角。

这是他精神快崩溃时作的一个仓促决定，某个午后他"忽然"哭了，

保持本色，做强大自我的主人 第七章

因为他问了自己一个问题：如果有人通知我今天死期到了，我会后悔现在的人生吗？答案竟是那么肯定。虽然他有好工作、美丽的女友、相互关爱的亲友，但他发现自己这辈子从来没有下过什么赌注，平顺的人生从没有高峰或低谷。他为了自己懦弱的上半生而哭。一念之间，他选择北卡罗莱纳州的恐怖角作为最终目的，借以象征他征服生命中所有恐惧的决心。

他检讨自己，很诚实地为自己的恐惧开出一张清单：打从小时候他就怕保姆、怕邮差、怕鸟、怕猫、怕蛇、怕蝙蝠、怕黑暗、怕大海、怕城市、怕荒野、怕热闹又怕孤独、怕失败又怕成功、怕精神崩溃……他无所不怕，却似乎"英勇"地当了记者。

这个懦弱的37岁男人上路前竟还接到奶奶的纸条："你一定会在路上被人杀掉。"但他成功了，4000多里路，78顿餐，仰赖82个陌生的好心人。

没有接受过任何金钱的馈赠，在雷雨交加中睡在潮湿的睡袋里，也有几个像公路分尸案杀手或抢匪的家伙使他心惊胆战，在游民之家靠打工换取住宿，住过几个贫寒人家，碰到不少患有精神疾病的好心人，他终于来到恐怖角，接到女友寄给他的提款卡。他看见那个包裹时恨不得跳上柜台拥抱邮局职员，他不是为了证明金钱无用，只是用这种正常人会觉得"没有必要"的艰辛旅程来使自己面对所有恐惧。

恐怖角到了，但恐怖角并不恐怖，原来"恐怖角"这个名称，是由一位16世纪的探险家取的，本来叫"Cape Faire"，被讹写为"Cape Fear"，只是一个失误。

迈克·英泰尔终于明白："这名字的不当，就像我自己的恐惧一样。我现在明白自己最大的耻辱不是恐惧死亡，而是恐惧生命。"

后来他写了一本书，书名叫做《不带钱去旅行》。

花了六个星期的时间，到了一个和自己想象无关的地方，他得到了

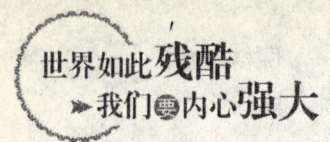

什么?

得到的不是目的,而是过程。虽然苦,虽然绝不会想要再来一次,但在回忆中是甜美的信心之旅,仿如人生。

也许我们会发现,努力了半天到达的目的地,只是一个"失误"。但只要那是我们自己愿意走的路,就不算白走。

只要我们一次只专心地做一件事,全身心地投入并积极地希望它成功,这样我们就不会感到精疲力竭。

内心强大的秘密

不要让我们的思维转到别的事情、别的需要或别的想法上去,专心于我们正在做着的事。选择最重要的事先做,把其他的事放在一边。做得少一点,做得好一点,我们就会有更多的收获。

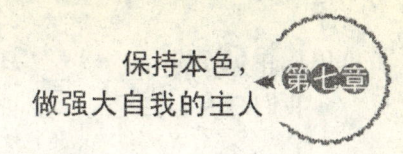

认清自己胜过崇拜他人

在我们每个人的生命中,都会遇到这样一些人:他们比我们完美,总是让我们用羡慕的眼光仰视着,并在心里暗暗发誓,总有一天也要成为他们那样的人。

但是,我们真的能成为别人吗?来看一个寓言故事:

小老鼠觉得自己太渺小了,一直希望找到最大的东西。什么最大呢?抬头一看,万物莫大于天。所以,小老鼠对自己说:"我人生的境界就是要找到天的真谛。天无所畏惧,它太辽阔了,笼盖四野。"

小老鼠问天:"天啊,你什么都不怕,我却这么渺小,你能给我勇气吗?"天告诉它说:"我也有怕的,我怕云。因为云可以遮天蔽日,太阳和天空都可以被云密密地遮住。"

小老鼠觉得云更了不起了,就去找云,说:"云啊,你能遮天蔽日,你是天地之间最大的力量吧?"云说:"不,我怕风。我好不容易把天遮得密密的,哗,大风一吹,云开雾散,风过云飘。所以,我还是有怕的东西的。"

小老鼠又跑去找风,说:"风啊,你力量太大了,天空上万物都抵挡不住你,你没有什么可怕的吧?"风说:"我也有怕的啊,我怕墙。天上的

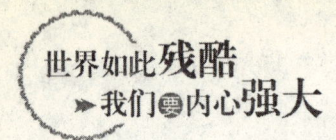

云我能吹散，但地上的墙我就绕不过去了。所以，墙壁比我厉害。"

小老鼠又跑去找墙，说："你连风都挡得住，你是不是天下最强大的？"墙却说了一句令小老鼠非常惊诧的话，墙说："我最怕的就是老鼠。因为老鼠会在我的根基上一点一点咬出很多洞，总有一天，我这面伟岸高大的墙，会因为这些个老鼠洞而轰然倒塌。"

这个时候，小老鼠才恍然大悟：原来在这个世界上最了不起的就是他自己。

每一个生命的个体虽然表面各异，但本质却是相同的。每个人的一生都是独特的，都有自己不可复制的智慧。我们自己永远都不可能成为别人，与其盲目地崇拜别人，还不如积极地认清自己。

盲目地崇拜别人就会导致盲目的跟从。一个人如果养成了盲目跟从的习惯，就会失去正确判断的能力，认不清事实，终生碌碌无为。

卡耐基曾经写过一本关于公开演讲的书。一开始他借用别的作者的观点，花了一年的时间进行庞杂的选编和整理工作。当稿子摆放在他面前时，他觉得那些堆砌的观点没有任何生命力，不能让人产生一丝阅读的欲望，自然也不能有什么益处。后来，他结合自己的经验和观察，写出了真正属于自己的作品，而获得广大读者的欢迎。

盲目地模仿别人是一件得不偿失的事情。我们不必费尽心思地追着别人的影子跑，只要冷静下来认真地审视自己，你会发现自己身上也蕴藏着巨大的潜能。

中国有句歇后语：猪八戒照镜子——里外不是人。其实，猪八戒是很有勇气的，他敢于站在镜子面前审视自己的缺点，而他的这份勇气正是我们现代人所缺少的。

我们看得到别人的过失，却看不到自己的缺点；看得到别人的贪欲，却看不到自己的吝啬；看得到别人的邪念，却看不到自己的愚痴。我们可

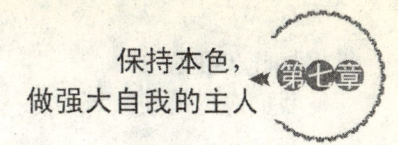

以认识世界、认识历史、认识社会、认识亲戚朋友,就是不能真正认识自己。

其实很多时候,我们不是缺乏认识自己的能力,而是缺乏认识自己的勇气,因为我们不敢正视镜子里真实的自己,我们害怕看见一个丑陋、衰老、萎靡不振的自己,因此,总是拒绝去认识自己。但是,一个人的人生是没法逃避的,必须诚实地面对。

罗伯特·菲利浦是美国个性分析专家。有一次,他在办公室接待了一个因自己开办的企业倒闭、负债累累、离开妻女的流浪者。那人进门便对罗伯特说:"我来这儿,是想见见这本书的作者。"说着,他从口袋中拿出一本名为《自信心》的书,那是罗伯特许多年前写的。

流浪者继续说:"一定是命运之神在昨天下午把这本书放入我的口袋中的,因为我当时决定跳到密西根湖,了此残生。我已经看破一切,认为一切已经绝望,所有的人(包括上帝在内)已经抛弃了我。但还好,我看到了这本书,有了新的看法,它为我带来了勇气及希望,并支持我度过昨天晚上。我已下定决心,只要我能见到这本书的作者,他一定能协助我再度站起来。现在,我来了,我想知道你能替我这样的人做些什么。"

在他说话的时候,罗伯特从头到脚打量着他——茫然的眼神、沮丧的皱纹、十来天未刮的胡须以及紧张的神态。他已经无可救药了,但罗伯特不忍心对他这样说。因此,罗伯特请他坐下来,要他把故事完完整整地说出来。

听完流浪汉的故事,罗伯特想了想,说:"虽然我没有办法帮助你,但如果你愿意的话,我可以介绍你去见本大楼的一个人,他可以帮你赚回你所损失的钱,并且协助你东山再起。"罗伯特刚说完,流浪汉立刻跳了起来,说道:"看在老天爷的份上,请带我去见这个人。"

他会为了"老天爷的份上"而做此要求,可见他心中仍然存在着一丝希望。所以，罗伯特拉着他的手，引导他来到从事个性分析的心理试验室里，和他一起站在一块看来像是挂在门口的窗帘布之前。

罗伯特把窗帘布拉开，露出一面高大的镜子，他可以从镜子里看到自己的全身。罗伯特指着镜子说："就是这个人。在这世界上，只有一个人能够使你东山再起。除非你坐下来，彻底认识这个人——当作你从前并未认识他——否则，你只能跳进密西根湖里，因为在你对这个人进行充分的认识之前，对于你自己或这个世界来说，你都将是一个没有任何价值的废物。"

流浪汉朝着镜子走了几步，用手摸摸他长满胡须的脸孔，对着镜子里的人从头到脚打量了几分钟，然后后退几步，低下头，开始哭泣起来。一会儿，罗伯特领他走出电梯间，送他离去。

几天后，罗伯特在街上碰到了这个人。他不再是一个流浪汉的形象，他西装革履，步伐轻快有力，头抬得高高的，原来那种衰老、不安、紧张的状态已经消失不见。他说，他感谢罗伯特先生，让他找回了自己，所以他很快找到了工作。

后来，那个人真的东山再起，成为芝加哥的富翁。

故事讲完之后，希望大家不要简单地把"照镜子"这个动作理解为我们每天出门前的揽镜自照。这里的"照镜子"不仅是要让我们看到自己的外表，更重要的是要看到自己的内心和灵魂。我们要在镜子面前找出自己过去的种种不足，客观地认识自己身上的优点和缺点，你是否正直、勇敢、善良、自信、无畏、大度、宽容？你必须自己给出答案，这才是真正的你。

很多时候，我们可以轻易地说出"这个人真卑鄙"、"这个人真小气"、"这个人真愚蠢"之类的话，但你是否敢承认"我真卑鄙"、"我真小气"、"我真愚蠢"这样的事实呢？

保持本色，
做强大自我的主人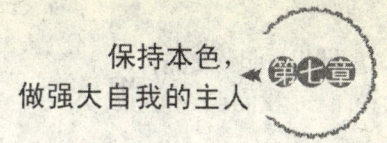

内心强大的秘密

人生最难的事情就是认识自己，我们不妨经常照照镜子，审视一下自己，经常提醒自己、点拨自己，真正把握和确认自己在社会上的位置以及给人们的印象，有助于我们更完美地成长。

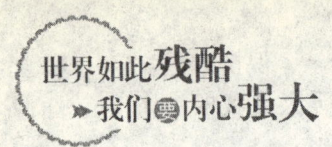

从现在开始,做自己想做的人

我们常常看到很多人在大街上让那些江湖人士为自己算命,似乎世界上有人能够预知天机,能占卜未来。其实,人的命运不需要他人来算,只要你正确地认识自己,意识到并且认识你的能力,根据自身的条件和实际的可能性,找到你的长处,及时调整自己的方向,让自己的长处得以发挥,就会感到自己并不比别人笨,你有不及别人的地方,而别人也有不及你的地方。胜利的信念便会由此产生并不断得到增强,你就能够预知自己的命运。

你对自己现在状况不满意,你希望自己的命运好转,你要改变自己,就要先认识自我。如果实行下面所说的事项,你就能学会认识自己的本领。

列举出你的长处,请你的上司、老师这些能确实告诉你意见的人,帮你找到这些长处。接着在这些长处底下,写出那些虽然在事业上很成功,但是在长处上不及你的人来。

这样列出表来,至少你可以发现,自己有个长处优于事业成功的人。结果,你将可能获得一个结论:你的本领比你自己想象的还要大。

认识自己,既不高估自己,也不低估自己,就是"人贵有自知之明"。一位伟人说过:"痛苦常常属于那些没有自知之明的人。"如果我们低估或

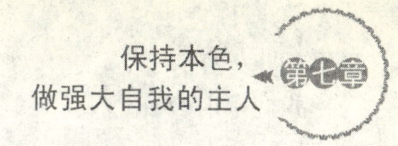

高估我们的力量,那么我们因决策失误,所遭受伤害的程度就会增加。

什么是自知之明呢?了解你自己的最好的方法是站在一旁,像陌生人一样来评估自己。接着,要尽可能客观地进行自我检查、评估自己的能力并认识自己的缺点。能够做到自知之明,就能够预测自己的命运。

然而,我们中的另一些人认为自己比实际情况还要糟,他们缺乏自信,他们感到不适,他们逃避棘手的挑战,因为他们不想失败。结果,他们注定一生平平庸庸。可能有人认为这是一种毫无意义的行为,但我们都有自欺欺人的弱点,我们都会为自己的弱点寻找理由,为自己的失败找借口。我们都认为自己在事业上没有做得更好的主要原因是我们没有运气。我们竭力回避这样的事实:像缺乏行动,或故意拖延,或不够注意,或逃避义务,等等。

很多人总有怀才不遇的感慨,老觉得自己空有一身好本领却无缘得人赏识,不是自怨自艾,就是到处求神问卜,企求时来运转。再不然,就是走起路来无精打采,说起话来畏畏缩缩。在别人的眼里,他只不过是个毫无自信的庸才而已。

机会是自己创造的。如果你不能在适当的时机表达适当的意见,别人又怎会瞧见你的存在?不要怕自己的意见流于空泛,和别人没什么两样,只管表达出来。因为你的智慧、经验绝不会跟别人一模一样,由此而来的逻辑思考就会不同,经过思考后的结论当然也不会和他人一样,会有你的独到之处。何必害怕别人的非难呢?可是有些人过于得意忘形,只顾强调自己许多不得了的成就,反而忘记偶尔透露一下自己的缺点。

敢于承认缺点的人在别人心目中的评价颇高,因为任何事不可能万无一失。承认自己的缺点更符合人性,更加诚实;只要是人,不论是百万富翁,还是人生刚起步的年轻人,没有永远只赢不输的。别怕告诉别人自己的失败经验与切身感受,坦白产生信任,而非猜忌。这样旁人才会相信你所言不虚!

世界如此残酷
我们要内心强大

我们每个人都有能获得成功的能力，然而，能发挥多少，就全靠我们对自我是怎么看待的。如果你认定自己是一个有能力、有才华的人，那么就会发挥出符合你这样认定的一切天赋。

一个充满期望的人，他决心去实现自己的目标，他会总是将自己的理想铭记于心，果断地消灭阻止他获得成功的敌人，摆脱懦弱与优柔寡断，为自己的理想而努力奋斗。

在我们的内心深处有一种神秘的力量，我们无法解释，但有时我们可以感到它的存在，它仿佛会化成一种命令驱使我们去完成预定的目标。

例如，如果你一直在想并告诫自己是一个微不足道的人、一条"可怜虫"，而且你不像别人那么好，那么不久你将会相信这一点，你的潜意识就会接受这一点。这时你的精神机器开动了，在你的思想里，它开始为你塑造一个小人物的模型。如果你还是一再表现出那种不自信、懦弱以及没有能力的想法，那么这个模型很自然地就会再现于你的现实生活中，那时你将不得不接受软弱、失败与贫穷。

相反，如果你勇敢坚定地相信自己是这世界上所有美好事物的继承人，所有美好的东西都属于你，得到它们是你与生俱来的权利，并且你总是表现出一种王者的风范，确定你将实现自己这一生之中最伟大的理想，相信力量属于你，健康属于你，任何疾病、懦弱与混乱都将离你而去，如此积极地思想，将具有极强的创造力，为你带来所有你所期望的东西。

积极的、具有建设性的思维意味着健康与财富，我们将因此成为一个有能力的人；而消极的思维则意味着不幸、疾病以及所有其他折磨。在失败者的大军中，绝大多数都是有着消极思维的人；而在胜利者的阵营中，则都是一些拥有积极向上、创造性、建设性思维的人。

从现在开始，做自己想做的人吧！而且，还要坚信你一定能成为那样的人。永远记得自己是个多么特别的人，从而走你想走的路，让别人可以清楚地看到你对自己充满了自信。展现这种自信的神情，请你一定要保持

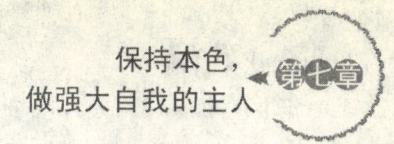

步履轻盈,不时来首轻松的歌,让全世界都知道你无时无刻都快乐,每天对你而言都很特别。俗话说的"相由心生"就是这个道理。你心里这样思考,你就会对自己的命运了如指掌。你不需要求卜问卦,你的命运已经在你自己心中。

内心强大的秘密

不要被你现在所做的工作、所住的房子、所开的汽车或是所穿的衣服定性,你不是这些东西的总和。成功者相信的是自己,他们取得成功的潜力不依赖于地位或身份,而依赖于他们自身实现目标的信心。

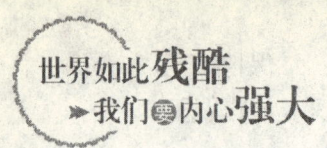

别让贪婪腐蚀了自己的心灵

有这样一个故事。

国王为了感谢多年来服侍他的忠心耿耿的仆人,说:"你尽管向前跑,只要在日落之前绕一圈回来,围到的土地全部送给你。"

仆人欣喜万分,不停地往前跑,简直像一头发了疯的野兽。就在太阳往西沉的那一刹那,他终于绕完一大圈返回原地,不过,他也因此而累死了。

国王悲伤地将他埋了,其实他真正获得的土地,也只有葬身的七尺罢了。

人们总想多得一些,结果往往不知不觉地连自己也失掉了。

林语堂告诉我们:知足常乐的秘诀是懂得如何享用你所拥有的,并割舍不实际的欲念。可多数人却是拥有了不知珍惜,反而想要的更多。

很小的时候就听过这样一个寓言故事。

一天,一个老头在森林里砍柴。他抡起斧子正准备砍一棵树,突然从树上飞出一只金嘴巴的小鸟。

小鸟对老头说:"你为什么要砍倒这棵树呀?"

"家里没柴烧。"

"你不要砍倒它。回家去吧,明天你家里会有许多柴的。"说完,小鸟就飞走了。

老头空手回到家,对老伴说:"上床睡觉吧,明天家里会有许多柴的。"

第二天,老伴发现院子里堆了一大堆柴,就叫老头:"快来看,快来看,谁在咱家院子里堆了这么一大堆柴。"

老头把遇到了金嘴巴鸟的经过告诉了老伴,老伴说:"柴是有了,可是我们却没有吃的。你去找金嘴巴鸟,让它给我们点吃的。"

老头又回到森林里的那棵树下。这时,金嘴巴鸟飞来了,它问:"你想要什么呀?"

老头回答说:"我的老伴让我来对你说,我们家没有吃的了。"

"回去吧,明天你们会有许多吃的东西的。"金嘴巴鸟说完又飞走了。

老头回到家,对老伴说:"上床睡觉吧,明天家里会有许多食物的。"

第二天,他们果真发现家里出现了许多肉、鱼、甜食、水果、葡萄酒和他们想要的其他食物。他们饱餐了一顿后,老伴对老头说:"快去找金嘴巴鸟,让它送我们一个商店,商店里要有许许多多的东西,这样,往后我们的日子就舒服了。"

老头又来到了森林里的那棵树下。金嘴巴鸟飞来问他:"你还想要什么?"

"我的老伴让我来找你,她请你送给我们一个商店,商店里的东西要应有尽有。她说,这样我们就可以舒舒服服地过日子了。"

"回去吧,明天你们会有一个商店的。"金嘴巴鸟说。

老头回到家把经过告诉了老伴。

第二天他们醒来后,简直都不敢相信自己的眼睛了。家里到处都是好东西:布匹、纽扣、锅、戒指、镜子……真是应有尽有。老伴仔细地清理了这些东西以后，又对老头说："再去找金嘴巴，让它把我变成王后，把你变成国王。"

老头回到森林里，他找到了金嘴巴鸟，对它说："我的老伴让我来找你，让你把她变成王后，把我变成国王。"

金嘴巴鸟冷漠地望了一下老头，说："回去吧，明天早上你会变成国王，你的老伴会变成王后的。"

老头回到家，把金嘴巴鸟的话告诉了老伴。

第二天早上醒来，他们发现自己穿的是绫罗绸缎，吃的也是山珍海味，周围还有一大帮的侍臣奴仆。

可是，老伴对此仍不满足，她对老头说："去，找金嘴巴鸟去，让它把魔力给我，让它来宫殿，每天早上为我跳舞唱歌。"

老头只好又去森林找金嘴巴鸟，他找了许多时候，最后总算找到了它，老头说："金嘴巴鸟，我的老伴想让你把魔力给她，她还让你每天早上去为她跳舞唱歌。"金嘴边鸟愤怒地盯着老头，说："回去等着吧！"

老头回到家，他们等待着。

第二天起床后，他们发现自己被变成了两个又丑又小的矮人。

人有想拥有的念头不为错，但这世间美好的东西实在是太多了，我们总希望让尽可能多的东西为自己所拥有，孰不知在你贪婪地占有中，你的心灵也被腐蚀掉了。

内心强大的秘密

其实，生命和快乐已是我们最大的拥有，又何必贪求太多呢？贪婪的最后结果只能是一无所有。

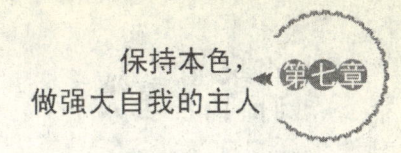
保持本色，做强大自我的主人

只要做你自己，你便是快乐的

有人说做人不难做自己最难，也有人说做事容易做人难，其实做自己也不难。走自己的路不后悔，总比从别人嘴里东听一点西听一些，支离破碎地拼出自己的形象容易，过自己想过的生活，人生就不会浪费。

有这样一则故事：一个小孩子和一个老头用一头驴子驮着货物去赶集。赶完集回来，老头儿跟在后面，孩子骑在驴上。路人见了，都说让老年人徒步，这孩子不懂事。孩子就忙下来，让老头儿骑上。于是旁人又说老头儿怎么忍心，让小孩子走路，自己骑驴。老头儿听了，把孩子又抱上来一同骑。骑了一段路，不料看见的人都说他们残忍，两个人骑一头小毛驴，把小驴都快压死了，只好两人都下来。可是人们又都笑他们是呆子，有驴不骑却走路。老头儿听了，对小孩子叹息道："没法子了，看来我们只剩下一条路：两个人扛着驴子走吧！"

故事中的人正是因为不能坚持自己的原则，总是被路人的言行所左右，最终落得个左也不是，右也不是，从而不知所措，徒增烦恼。

我们每个人都不是孤立存在的个体，一言一行总会对周围的人、周围的世界产生一定的影响，也就必然会受到来自周围世界的评论。这些评论可能是非难，也可能是褒扬。但不论是非难还是褒扬，都有公正与歪曲、理解与不理解的成分存在。所以，对于这些评论，不能一概地接受。

生活中有很多人做起事情来就像上述故事中所讲的老头儿和孩子，总想做得面面俱到。可是面面俱到呢？却是没有人满意，反而也将自己置于无所适从的境地。

任何人都不可能做到面面俱到。因为我们不可能顾及到每一个人的面子和利益，你认为顾及到了，别人却不一定这么认为，甚至有的人根本不领情。另外，每一个人对同一件事的感受和看法都有所不同，你让这个人满意，就会令那个人不满意。你做得面面俱到最后只有两种可能：要么被人捏住软肋，任人摆布；要么自己累得半死。

我们与其这样，何不明智一点，快乐地做自己。按照自己的意愿去做人做事，我们就不必费心掩饰自己，不必勉强改变自己。这样，就能多几分心灵的舒展，少一些精神的束缚，就能少一点不必要的烦恼，多几分人生的快乐与轻松。

相反，如果忘记了"我是谁"，经常逼迫着去改变自己，戴着面具去应付人生，所有的烦恼就会接踵而至。

爱默生在散文《自恃》中说：

"每个人在受教育的过程当中，都会有段时间确信：物欲是愚昧的根苗，模仿只会毁了自己；每个人的好坏，都是自身的一部分；纵使宇宙充满了好东西，不努力你什么也得不到；你内在的力量是独一无二的，只有你知道自己能做什么。"

刚开始拍电影的时候，导演让查理·卓别林模仿德国当时一名著名的喜剧演员，可他表演得一直都不出色，直到找准了属于他自己的戏路，才成为举世闻名的喜剧大师。

在欧文·柏林与乔治·葛希文两人相识的时候，柏林已经是比较有名望的作曲家，而葛希文还仅是个每星期只能赚35块钱的无名小卒。柏林愿付3倍的价钱聘请他为音乐助理，因为他非常欣赏葛希文的才华。但后来柏林说：假如你秉持本色努力奋斗下去，你会成为一个一流的葛希文；"你最好别接受这份工作，否则你可能会变成一个二流的柏林。"听了柏林的忠告，葛希文开始努力奋斗，最终成为了美国当代著名的音乐家。

因此，我们应该把自己的禀赋发挥出来，应庆幸自己是世上独一无二的。不管是好是坏，你都得耕耘自己的园地；不管是好是坏，你都得弹起生命中的琴弦。

只要做你自己，你便是快乐的。

内心强大的秘密

设法掩饰自己本身就要付出许多的心力，而一旦没有掩饰好，便会更糟。对于做人来说，与其把心力花在这上面，还不如索性识我真相、见我真人，知我真本色。

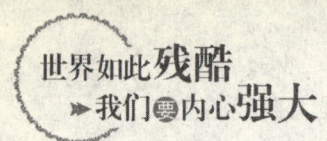

潇洒地做自己

想要符合所有人的期望,势必失去某些人的尊敬,没有任何人可能取悦所有的人。

美国著名影星玛丽莲·梦露就是最具代表性的例子。因身为偶像明星,她必须努力维持大家喜爱的特定形象。然而这些形象并非真实的梦露,都是电影塑造出的魅力。于是,她为了维持这个形象,必须经常服用安眠药,导致精神衰弱,最后竟落得自杀殒命的悲剧而收场。

其实梦露的无奈,不就是许多人的心境写照吗?

明明想爱,却裹足不前;明明不想做,却牺牲自己以迎合别人;明明伤心,但却仍要强装笑脸;明明满心愤怒,却不敢以真面目示人。

比利乔在《陌生人》这首歌中,生动地描述了我们是如何隐藏自己的——

我们都有脸,

却将它们永远藏起来;

等大家都走光,

我们才把脸拿出来,

留给我们自己看……

如果一个人戴惯了面具,就无法分清楚哪一个才是真正的自我。等到

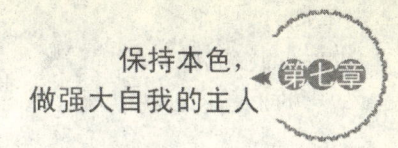

想要找回自我的时候才发现,在层层叠叠的伪装下,自我早已消失殆尽。

请问问自己,是否为了维护形象而压抑内心真实的感受,是否觉得自己很虚伪、很人工、很表面。请比较自己在别人面前的表现,与内心真正的感觉之间的差异。

其实生活中,获得幸福的最有效的方式就是潇洒地做自己,脱掉伪装。

人活在世上,所追求的应当是自我价值的实现以及对自我的珍惜。不过值得注意的是,一个人是否实现自我并不在于他比他人优秀多少,而在于他在精神上能否得到幸福的满足。只要你能够得到他人所没有的幸福,那么,即使表现得不高明也没有什么。在这方面,珍妮的做法就很值得学习。

珍妮有一天下午正在弹钢琴时,7岁的儿子走了进来。孩子听了一会说:"妈,你弹得不怎么高明吧?"

是的,是不怎么高明。任何认真学琴的人听到她的演奏都会退避三舍,不过珍妮并不在乎。这么多年来,珍妮一直这样不高明地弹,弹得很高兴。

珍妮也喜欢不高明地歌唱和不高明地绘画。以前,她还自得其乐于不高明地缝纫,后来做久了终于做得不错。珍妮在这些方面的能力不强,但她不以为耻。因为她不是为他人而活,她认为自己有一两样东西做得不错,其实,任何人能够有一两样做得不错就应该够了。

"啊,你开始织毛线了,"一位朋友对珍妮说,"让我来教你用卷线织法和立体织法来织一件别致的开襟毛衣,织出12只小鹿在襟前跳跃的图案。我给女儿织过这样一件。毛线是我自己染的。"珍妮心想,她为什么要找这么多麻烦?做这件事只不过是为了使自己感到快乐,并不是要给别人看以取悦别人的。直到那时为止,珍妮看着自己正在编织的黄色围巾每

星期加长5~6厘米时，还是自得其乐。

我们从珍妮的经历中可以看出，她生活得非常幸福，而这种幸福的获得正在于她不为了向他人证明自己是优秀的，而有意识地去索取别人的认可。改变自己一向坚持的立场去追求别人的认可并不能获得真正的幸福，这样一条简单的道理并不是每个人都能在内心接受它，并按照它去生活的。因为他们总是认为，那种成功者所享受到的幸福就在于他们得到了这个世界大多数人的认可。

一只小猫在追逐它自己的尾巴被另一只大猫看到，于是大猫问道："你为什么要追逐你自己的尾巴呢？"小猫回答说："对一只猫来说，我了解到，最好的东西便是幸福，而幸福就是我的尾巴。因此，我追逐我的尾巴，一旦我追逐到了它，我就会拥有幸福。"大猫说："我的孩子，我曾经也认为幸福在尾巴上。但是，我注意到，无论我什么时候去追逐，它总是逃离我，但当我从事我的事业时，无论我去哪里，它似乎都会跟在我后面。"

这则寓言说明了一个问题，那就是，幸福无需寻求他人的认可，幸福完全是一种个人的感受。

内心强大的秘密

每个人都喜欢站在舞台上受人拥戴，那会让人觉得自己身份特殊，高高在上。然而，大多数站在舞台上的人，为了维护既定的形象，往往都被迫戴上了面具，且在"假象"的遮盖下丧失了真性情，久而久之，甚至忘了自己是谁！

第八章

宽容忍让，内心的安定也是一种强大

内心强大是心中的安定与平静。强大，不是霸道，不是要将别人的所有占为己有，恰恰相反，内心的强大带给我们的是宽容和谦让。正是因为内心的安定与平静，我们才明白自己真正需要什么，才明白如何得到快乐。

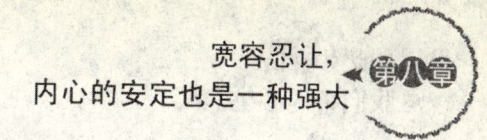

原谅别人就是善待自己

我们虽然各自走着自己的生命之路,但是难免还会有碰撞。即使最和善的人也难免有时要伤别人的心。说不定就在昨天,或许是在很久以前,某个人伤害了你的感情,令你很难忘掉它。但是你必须学会原谅伤害你的人。这是交友的一种良好品格。

"既生瑜,何生亮?"看过《三国演义》的都知道,雄姿英发的周瑜为他的对手孔明所气,大叫一声,吐血而死,而留下一个"诸葛亮吊孝"的假哭戏。仇视、愤恨都没有任何益处,只能徒伤自己而令敌人称快。"为你的仇敌而怒火中烧,烧伤的是你自己"。因此,耶稣在《圣经》里鼓励人们"爱你的仇人","爱你们的仇敌,善待恨你们的人;诅咒你的,要为他祝福;凌辱你的,要为他祷告。"可是,如果你用报复的手段对待对手,会招致一个什么样的局面呢?它将使你的对手更坚定地站在你的对立面,去阻挠、破坏你的行动,破坏你创造的一切成果。而你也会因为心中充斥报复的愤怒无暇他顾,你的理想和目标就不会那么轻易地实现。

迪斯由于好友鲁克在自己的公司电脑上做了手脚,使他损失了几十万美元,心中一直愤愤不平,尽管迪斯委托律师将鲁克送进了牢房,但他还觉得不够。出狱后,鲁克觉得对不起迪斯,几次打电话向迪斯道歉。迪斯

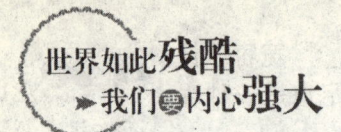

一听是鲁克的声音，不容分说立刻将电话挂断。

迪斯的妻子知道后，数次劝他应该宽宏大量，何况鲁克是电脑专家，对他的生意很有帮助。迪斯经过深思，觉得妻子说的有道理，可是每次拿起电话来他心中就想起那几十万美元，又想起鲁克曾像只老鼠似的偷盗过那些钱，使他的生意差点垮掉，于是又放下电话，长叹一口气。

一个多月过去了，迪斯总是处于这种矛盾中，一会儿觉得应该原谅鲁克，毕竟他是个电脑专家，曾经帮助过自己；一会儿又想，难道你要原谅伤害过你的人吗？不，不行。直到一位心理医生告诉他："你形成了一种心理障碍，这种障碍不仅会妨碍你与鲁克的关系，也会妨碍你与他人的交往，你必须积极地清除它。"

迪斯终于鼓起勇气，给鲁克打了一个电话，告诉鲁克明天可以到办公室见他。第二天，他们谈得很顺利，迪斯还决定再次聘请鲁克到公司工作，他对鲁克说："我相信你不会再辜负我。"后来，鲁克对迪斯的公司尽心尽责，而他和迪斯的友谊也越来越牢固，两人成了真心的知己。

宽恕曾经伤害过我们的人是避免痛苦的最好方法。宽恕不只是慈悲，也是修养。宽恕之所以很困难，是因为我们都认为，每个人都应该为自己所犯的错误付出代价，这样才符合公平正义的原则，否则岂不便宜了犯错的一方？但是不宽恕会产生什么结果或副作用呢？例如痛苦、埋怨、憎恶、报复等等，这些结果值不值得再承受，恐怕才是更重要的一个问题。

《菜根谭》中有句话："径路窄处，留一步与人行；滋味浓时，减三分让人尝。此是涉世的极乐法。"在道路狭窄之处，应该停下来让别人先行一步。只要心中常有这种想法，那么人生就会快乐安详。因此走不过去的地方不妨退一步，让对方先过，就是宽阔的道路也要给别人三分便利。若朋友未能满足自己的需求，或有什么过错做了对不起自己的事情，切不可怀恨在心。因为怨恨不仅会加深朋友间的误会，影响友情，而且还会扰乱

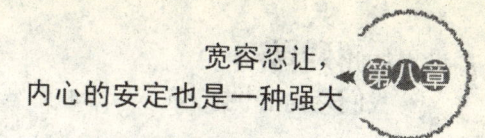

宽容忍让，内心的安定也是一种强大

正常的思维，引起急躁情绪。凡事要换个角度想想，这样或许能够理解朋友的所作所为，自己也会得到心灵上的解脱。

内心强大的秘密

宽恕是一种能力，一种停止让伤害继续扩大的能力。没有这种能力的人，往往需要承担因为报复所产生的风险，而这风险往往难以预料。所以让我们以一颗宽恕的心去对待曾经伤害过我们的人吧！

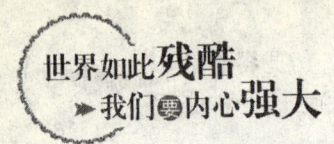

不与人斤斤计较

　　君子是一个雅名,但做真君子却非易事,那首先是一种涵养,至少不与小人计较。如果你与小人计较,你就不配君子的名号。若与小人计较,自己岂不等同于小人了?所以真君子都有雅量,成大事业者犯不上与小人计较,以免阴沟里翻船,那太不值得了。

　　战国时,鲁平公有一天想出来接见孟子。鲁平公的心腹臧仓在鲁平公面前说孟子的坏话:"礼义是要从贤者身上表现出来的,而孟子的丧事一个接着一个,可见他并不守礼义。您不要去见他。"平公说:"好。"便没有见。后来孟子的学生叫乐正克的来告诉孟子说:"鲁平公要来见您,他的心腹臧仓拦住了他,最终使鲁平公来不成。"孟子说:"我不能见到鲁侯,这是天意。臧家的那个孩子怎么能使我不能见到鲁平公呢?"

　　可见,孟子作为圣贤待人多么仁慈温厚,不与小人计较到什么程度。

　　东汉桓帝时,有一个人叫左原,是陈留人,是郡学的学生,曾经因为犯法被开除了。郭林宗曾经在路上碰到他,便安排了酒席安慰他。林宗对他说:"以前颜涿聚是梁甫的大强盗,段干木是晋国的大马贩子。最后一个

宽容忍让，内心的安定也是一种强大 第八章

成了齐国的忠臣，一个成了魏国的大贤人。希望你千万不要怨恨，要多反省自己。"左原接受了林宗的建议。当时有人讽刺郭林宗不和恶人断绝交往。林宗说："人如果不仁义，而你又恨他过度，是要出乱子的。"左原顶不住周围人的讥讽和白眼，忽然又生怨恨，结交了一批刺客，想杀掉太学里的那批人。那天，林宗正好在太学里。左原感到辜负了林宗的教诲和信任，很是惭愧，就回去了。

东汉陈寔是个有志向，好学习的人。先做颍川郡功曹，后来为太丘长。灵帝初年，碰上中常侍张让的父亲死了，归葬颍川。虽然一郡的人都去吊丧，但名士们一个都不去。张让感到特别羞愧。而陈寔一个人去吊了丧。后来朝廷发生了党锢之祸，大杀名士。张让对当年陈寔的行为感恩戴德，所以放过了许多名士。

张让感陈寔的恩德，而免去了颍川名士的灾祸；左原接受了郭林宗的劝慰，而消除了他对太学的仇恨。所以说：使恶人感恩戴德，不与他计较，总有一天能免祸。小人大多是有仇必报的，与他计较，不是自取其辱吗？

程颐说：愤欲忍与不忍，便见有德无德。君子之所以为君子，就在于他能容纳小人。常言道："水至清则无鱼。人至察则无徒。"如果对事物的观察太敏锐，就会觉得他人浑身都是缺点，不值得与之交往；另一方面，旁人也会对你的过分挑剔感到难以忍受，而不愿意追随你。实际上，越是污秽的土地，土质越肥沃，有利于万物的生长；同样，水流过于清澈，就很难产生鱼类。所以说，君子要有宽宏的度量，不自命清高，要能够忍让，能够接纳世俗乃至丑恶的事物，这就是"君子不计小人过"的实质。

在生活中，也确实有不少"君子不计小人过"的事例，文人宋纁辑录的《硕辅宝鉴》中，就记载着这样三则故事，很耐人寻味：

世界如此残酷 我们要内心强大

第一则故事讲唐朝的狄仁杰。高宗时狄仁杰是大理丞,后为豫州刺史、洛州司马。天授二年(公元691)年,他做了宰相,有一天,武则天对他说:"你在汝南有善政,然而有人说你的坏话,你想知道吗?"狄仁杰说:"陛下认为他说得对,臣当改正;认为臣没有那样的过错,那是臣之幸也。至于是谁说臣的坏话,臣不愿意知道"。武则天听了很高兴,称赞狄仁杰是一个宽宏大量的长者。

第二则故事讲唐朝的陆贽。陆贽在德宗时当过中书侍郎、门下同平章事。当初,御史中丞窦参常常排挤陆贽。后来窦参被李巽参奏,德宗大怒欲杀之。陆贽替窦参讲情,才未被杀,被贬到獾州当司马。德宗还想株连窦的亲人,没收他的家产,陆贽请皇上加以宽恕。世人无不称赞陆贽公正诚实,以德报怨。

第三则故事讲宋朝的吕蒙正。蔡州的知州张绅犯贪污罪被免职。有人对宋太祖赵光义说:"张绅很有钱,不至于贪污,是吕蒙正贫穷时向他索取财物没有如愿,现在对他报复。"吕蒙正不申辩,结果张绅复了官,吕蒙正被罢了宰相的官职。后来考课院查到张绅贪污的证据,于是又免了张绅的官职,吕蒙正重当宰相。太宗对吕蒙正说:张绅果然有赃,吕蒙正也不谢,称赞吕蒙正的气度不是那些浅薄的人可以做得到的。

这种宽厚与容忍绝对不是争斗的小人所能够做到的,明知对方错了,却不争不斗反而认输,虽然自己吃点小亏,但使别人不受损。不争表面形式的输赢,而重思想境界和做人水准的高低,这样的人其实活得很潇洒。历史上的这三个人,由于能不计小人过,不但丝毫没有损害自己的名声,反而更受到大家的称道。

第八章 宽容忍让，内心的安定也是一种强大

内心强大的秘密

在现实生活中，当双方发生矛盾或冲突时，对于别人的批评，除了虚心接受之外，还要养成毫不在意的态度。人与人之间发生矛盾的时候太多了，因此，一定要心胸豁达，有涵养，不要为了不值得的小事去得罪别人。

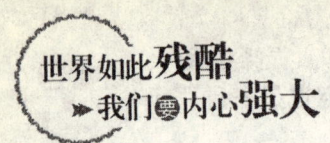

若要好，大让小

一个人的名望、地位能代替，而一个人的举止气质则不可以代替。荀子告诉人们，长者的风范是这样：所戴的帽子高大，衣服宽敞，面色温和，庄庄重重的，严严肃肃的，宽宽舒舒的，大大方方的，开开脱脱的，明明朗朗的，坦坦荡荡的。张英有长者的风范，"千里来信为堵墙"之事，为后人留下了一个美好的传说。

康熙年间的某一天，一骑快马跑进宰相府。并不是天下出了什么大事，宰相张英收到一封来自安徽桐城老家的信。

原来，他们家与邻居吴家发生了地界纠纷。两家大院的宅地，大约都是祖上的产业，时间久远了，成了一笔糊涂账。想占便宜的人是不怕糊涂账的，他们往往过分自信自己的铁算盘。两家的争执顿起，公说公有理，婆说婆有理，谁也不肯相让一丝一毫。由于牵涉到宰相大人，官府都不愿沾惹是非，纠纷越闹越大，张家只好把这件事告诉张英。

张英阅过来信，只是释然一笑，旁边的人面面相觑，莫名其妙。只见张大人挥起大笔，一首诗一挥而就。诗曰："一纸书来只为墙，让他三尺

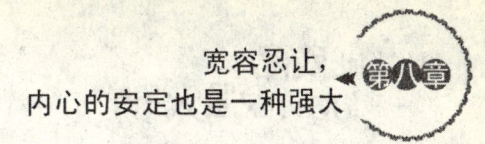

宽容忍让，内心的安定也是一种强大

又何妨。万里长城今犹在，不见当年秦始皇。"交给来人，命快速带回老家。

家里人一见书信回来，喜不自禁，以为张英一定有一个强硬的办法，或者有一条锦囊妙计，但家人看到的是一首打油诗，败兴得很。后来一合计，确实也只有"让"这惟一的办法，房子是很可贵的家产，但争之不来，不如让三尺看看。于是立即动员将垣墙拆让三尺，大家交口称赞张英和他的家人的旷达态度。

他家宰相肚里能撑船，咱们也不能太落后。宰相一家的忍让行为，感动得吴家人热泪盈眶。全家一致同意也把围墙向后退三尺。两家人的争端很快平息了，而且两家之间空了一条巷子，有六尺宽，有张家的一半，也有吴家的一半，这条一百多米长的巷子很短，但留给人们的思索却很长很长。

就算是张英先生旷达忍让，如果吴家人不予理睬，那条巷子就只有三尺宽。三尺宽的巷子，也总是一条通道，事情通了，人也通了，路也通了，却有点儿不够完美。完美是感觉出来的，六尺不比三尺宽多少，但如果人们置身其间，会发现这是一条多么宽的人间道路。互相忍让，天地才会更宽广啊！

"让他三尺又何妨"——说得真好！试想，如果当初张英不是劝说家人退让，而是借势压人，或怂恿家人与对方抗争，那结果又会怎么样？由此可见，宽容豁达，不仅仅是为官之道，更应该是我们的为人之本。

现实生活中，我们和亲朋邻里同事之间，有时也会因一点小摩擦便互不相让，有时甚至横刀相向。但试想一下，与我们的生命相比，那些小小的矛盾又算得了什么呢？

世界如此残酷
我们要内心强大

"让他三尺又何妨"——当你面对矛盾与摩擦时,不妨想想这话,它会帮你做出理性的选择!

内心强大的秘密

俗话说:"若要好,大让小。"对一些小事或意气之争听而不闻,付之一笑,方显示出君子的风度来。

第八章 宽容忍让，内心的安定也是一种强大

吃亏是一种福气

把吃亏当福，是以一种豁达的心态接受一切。这听起来好像是弱者的自我安慰，可实际上，这句话渗透着很大的处世智慧。

战国时，齐国的孟尝君是一个以养士出名的相国。由于他待士十分诚恳，感动了一个叫冯谖的落魄人，此人为报答孟尝君的礼遇而投到他的门下为他效力。

一次，孟尝君叫人到其封地薛邑讨债，问谁肯去。冯谖自告奋勇说自己愿去，但不知将催讨回来的钱买什么东西。孟尝君说，就买点我们家没有的东西吧。冯谖领命而去，到了薛邑后，生活十分穷困的老百姓，听说孟尝君的使者来了，均有怨言。于是，他召集了邑中居民，对大家说："孟尝君知道大家生活困难，这次特意派我来告诉大家，以前的欠债一笔勾销，利息也不用偿还了，孟尝君叫我把债券也带来了，今天当着大家的面，把它烧毁，从今以后再不催还。"说着，冯谖果真点起一把火，把债券都烧了。薛邑的百姓没料到孟尝君如此仁义，人人感激涕零。

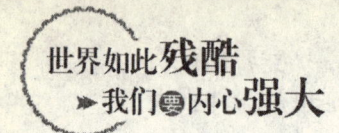

冯谖回来后，孟尝君问他事情办得如何，冯谖如实回答，孟尝君大为不悦。冯谖对他说："你不是叫我买家中没有的东西吗？我已经给你买回来了。这就是'义'。焚券市义，这对您收归民心是大有好处的啊！"

数年后，孟尝君被人谮谗，齐相不保，只好回到自己的封地薛邑。薛邑的百姓听说恩公孟尝君回来了，夹道欢迎。孟尝君感动不已，终于体会到了冯谖"市义"苦心。

孟尝君当年的"付出"并没有想到日后的"回报"，但等他落难时却发挥出了意想不到的效果。这正是糊涂吃亏的智慧。可见，吃亏也可以是好事儿。

其实，吃亏与占便宜是互相依存、相互转化的。不过，得与失的互为转化的效果，有时也并不是马上就可以见到的。但没有今天的"付出"又怎么有日后的"回报"呢。

你没有义务要做自己职责范围以外的事，但是你也可以选择自愿去做，以鞭策自己快速前进。率先主动是一种极珍贵、备受看重的素养，它能使人变得更加敏捷，更加积极。无论你是管理者，还是普通职员，"每天多做一点"的工作态度能使你从竞争中脱颖而出。你的老板、委托人和顾客会关注你、信赖你，从而给你更多的机会。

卡洛·道尼斯先生最初在杜兰特工作时，职务很低，现在已成为杜兰特先生的左膀右臂，担任其下属一家公司的总裁。他之所以能如此快速升迁，秘密就在于"每天多干一点"。

我曾经拜访道尼斯先生，并且询问其成功的诀窍。他平静而简短地道出了其中缘由：

"在为杜兰特先生工作之初，我就注意到，每天下班后，所有的人都回家了，杜兰特先生仍然会留在办公室里继续工作到很晚。因此，我决定

第八章 宽容忍让，内心的安定也是一种强大

下班后也留在办公室里。是的，的确没有人要求我这样做，但我认为自己应该留下来，在需要时为杜兰特先生提供一些帮助。

"工作时杜兰特先生经常找文件、打印材料，最初这些工作都是他自己来做。很快，他就发现我随时在等待他的召唤，并且逐渐养成招呼我的习惯……"

杜兰特先生为什么会养成召唤道尼斯先生的习惯呢？因为道尼斯自动留在办公室，使杜兰特先生随时可以看到，并且诚心诚意为他服务。这样做获得报酬了吗？没有。但是，他获得了更多的机会，使自己赢得老板的关注，最终获得了提升。

社会在发展，公司在成长，个人的职责范围也随之扩大。不要总是以"这不是我分内的工作"为由来逃避责任。当额外的工作分配到你头上时，不妨视之为一种机遇。其实，提前上班，主动加班，别以为没人注意到，老板可是睁大眼睛在看着呢？如果能提早一点到公司，就说明你十分重视这份工作。每天提前一点到达，可以对一天的工作做个规划，当别人还在考虑当天该做什么时，你已经走在别人前面了！

在工作中并不是多做一件事或多帮别人干一点儿活就是吃亏。其实这是一种福气，说明领导信任你。比如，领导让你帮同事一把，这不是吃亏，这是为集体做好事，还加强了同事之间的友谊。假如领导让你加加班赶赶任务，你不要以为你就吃亏了，你应该感到光荣，因为领导只叫了你，而没叫其他人，而且，你还可以从中学到不少新东西，提高自己的能力。正是那句老话"吃亏是福"，这里说的"吃亏"是一种贡献精神，你贡献得越多，得到的回报也就越多。每次你多做一些，别人就欠你一些；多做一些，机会将随之而来。这个亏，相比下来，是"福"啦。

加班也是减压的方式之一。你可以借加班之机，处理那些被一再推迟

的琐碎小事。当你独自留在办公室里,正是绝佳的"还债"时机,把平时积累下来的工作项目整理出来,对自己的发展只会有利。

内心强大的秘密

把吃亏当福,是以一种豁达的心态接受一切。这听起来好像是弱者的自我安慰,可实际上,这句话渗透着糊涂处世的大智慧。

第八章 宽容忍让，内心的安定也是一种强大

每个人都有需要别人原谅的时候

俗话说，人非圣贤，孰能无过。每个人都难免会偶有过失，因此每个人都有需要别人原谅的时候。

大部分人一旦陷身于争斗的漩涡，便不由自主地焦躁起来，有时为了自己的利益，甚至是为了面子，也要强词夺理，一争高下。一旦自己得了"理"，便决不饶人，非要逼得对方鸣金收兵或自认倒霉不可。然而这次"得理不饶人"虽然让你吹着胜利的号角，但也成了下次争斗的前奏。因为这对"战败"的对方也是一种面子和利益之争，他当然要伺机"讨"还。

在这种时候，即使自己有理，我们也应让别人三分。其实，有些时候给他人让出了台阶，也是为自己攒下了人情，留下一条后路。

宽以待人，要有主动"让道"精神。在与他人交往中，常常会因为个性、脾气、爱好、要求的不统一，价值观念的差异产生矛盾或冲突，此时我们应记住一位哲人的话："航行中有一条公认的规则，操纵灵敏的船应该给不太灵敏的船让道。我认为，这在人与人的关系中也是应遵循的一条规律。"

因此，做一个能理解、容纳他人优点和缺点的人，才会受到他人的欢迎。相反，那些只知道对人吹毛求疵，又没完没了地批评说教的人，怎么会拥有亲密的朋友呢？人们对他只有敬而远之！

世界如此残酷
我们要内心强大

有这样一个女人，总在喋喋不休地向人们说邻家的污秽不堪。有一次，她故意将一位朋友领到家里，指着窗外说："您看那家绳上晾的衣服多脏！"可那位朋友却悄悄地对她说："如果你看仔细点儿，我想你能弄明白，脏的不是人家的衣服，而是你家的窗子。"

是啊，我们在同一蓝天下生活，为什么不学着去宽厚的待人，放弃对别人的指责呢？即使脏的真的是邻家的衣服，为什么不能表示理解和容忍呢？要知道，这样做并不会对自己造成任何的损失。相反，狭隘的人却总会在某些事情上吃亏。

小李毕业后初入社会，在某合资公司外经贸部就职，不幸碰上一个爱拍马屁、什么本事都没有的主管。此人每天下班后没有什么事儿也要跟着日本课长拼命"加班"，把白天理好的文章弄得一团糟，转眼工夫出了错，又把责任全部推给小李。小李不是一个会"争"的女孩子，只好忍气吞声等日语课长长出"火眼金睛"，结果等了三个月，还是等不来一句公道话。

一气之下，小李就去了另一家外资公司。在那里，她出色的工作博得了许多同事的称赞，但无论如何也没法使苛刻、暴躁的经理满意。心灰意冷间，她又萌生了跳槽之念，于是向新加坡总裁递交了辞呈。总裁先生没有竭力挽留小李，只是告诉她自己处世的一条经验：如果你讨厌一个人，那么你就要试着去爱他。总裁说，他就曾鸡蛋里挑骨头一般在一位上司身上找优点，结果，他发现了老板两大优点，而老板也逐渐喜欢上了他。

但是，狭隘的小李还是无法忍受，最终还是递交了辞呈，跳到了另一家公司。听说，这家公司上司也十分令她受不了，她还想跳槽。

我们可以想见小李的一生，由于忍受不了别人而永远在跳槽。放不下狭隘，斤斤计较的她只会一事无成。

从前有一位住在山中茅屋修行的道士。有一次他在林中散步，有一个小偷光顾了他的茅舍。道士回家时，看到了小偷在偷自己的东西，他怕惊

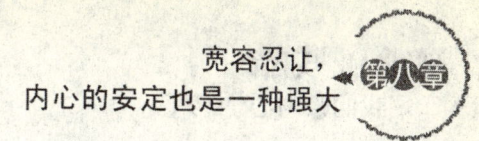

宽容忍让，内心的安定也是一种强大

动小偷一直都在门外等着。小偷出来，看见道士马上慌了起来。道士对他说："你走老远的山路来探望我，总不能让你空手而归啊！夜凉了，你带着这件衣服走吧！"道士把身上的衣服给了他，小偷逃走了。第二天，道士看到门口放着昨天披在小偷身上的外衣，被叠得好好的。

道士以宽容之心感化了小偷，让小偷改邪归正。"以爱对恨，恨自然消失。"

宽容不但是做人的美德，也是一种明智的处世原则，是人与人交往的"润滑剂"。将心比心，才能做到宽以待人，推己及人。推己及人，是以自己为标尺，衡量自己的行为举止能否为人所接受，其依据是人同此心，心同此理，将心比心，设身处地。还可以用角色互换的方法，假设自己站在对方的位置上，想一想对方会有什么反应、感觉，从而理解他人，体谅他人。懂得了这点，当别人理短时就会大度地宽容他人，他人才会在自己理短时容让你。常有一些所谓厄运，只是因为对他人一时的狭隘和刻薄，而在自己的前进路上自设的绊脚石罢了；而一些所谓的幸运，也是因为无意中对他人一时的恩惠和帮助，而拓宽了自己的道路。

法国作家雨果曾经说过："世界上最浩瀚的是海洋，比海洋更浩瀚的是天空，比天空还要浩瀚的是人的心灵。"的确，人的心灵是最广阔的，它可以包容一切，宽容所有人。"宽容"这一词我们并不陌生，可又有多少人能做到对别人宽容呢？我们应该放开心胸去包容一切，爱一切，去选择明智的处世原则：宽容。

内心强大的秘密

人非圣贤，孰能无过。每个人都难免会偶有过失，因此每个人都有需要别人原谅的时候。做一个能理解、容纳他人优点和缺点的人，才会受到他人的欢迎。

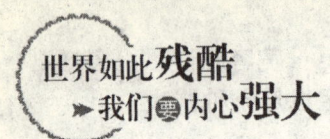

吃小亏占大便宜

俗话说"吃亏人常在,财去人安乐",是说能够吃亏、善于吃亏的人平安无事,而且终究不会吃大亏。"善有善报,恶有恶报"已是千古定律,对于吃亏的人,冥冥之中,社会和人,总会给予相应或更多的回报。相反,总爱贪便宜的人最终贪不到真正的便宜,而且还会让人背后戳脊梁骨。古今中外,有多少人因贪眼前的小便宜而过早地毁灭了自己啊。因此,在社会中生活,必须记住"吃亏是福"这个闪耀着哲理和经验之光的格言。

相传上古时代南方有一只千年老蜗牛,硕大无朋。蜗牛的左角上有一个国家,名叫"触氏",蜗牛的右角上有一个国家,名叫"蛮氏"。两国的土地极其肥沃,抓一把就可以捏出油来。按理,这两国足以丰衣足食,安居乐业,建立友好关系,或者老死不相往来,高枕无忧,享受太平。可是"蛮氏"国的酋长老是瞅着对方的那片土地,直咽口水。既有这份霸占的心理,便趁一个月黑风高之夜,纠集了国内二万八千将士,直扑触氏。

然而触氏首领也是爱占便宜之辈,老是想着怎么能从铁公鸡身上拔毛,癞蛤蟆身上取肉,免不了蠢蠢欲动,企图吞并蛮氏。这一来正好下山虎遇着上山虎。触氏首领决定乘此良机,一举占领蛮氏,当即召集了三万

宽容忍让，内心的安定也是一种强大 第八章

条好汉，群情激愤，直扑蛮氏。

朝阳初开的时刻，触蛮两国兵马在蜗牛头上的这一片开阔地上短兵相接，五万八千条汉子便胡乱砍杀起来。杀得血肉横飞，鬼哭狼嚎，飞沙走石，日月无光。三天之后，触蛮两国全军覆没，蛮酋被拦腰斩成二段，触酋身首异处。一眼望去，伏尸横野，阴风惨惨。

多少年后，有一位骚人墨客途经此方，凭吊之际，但见尸骨遍野，不禁哀吟道：

"鸟无声兮山寂寂，夜正长兮风渐渐。魂魄结兮天沉沉，鬼神聚兮云幕幕。日光寒兮草短，月色苦兮霜白。伤心惨目，有如是耶？"

然而造物主似乎俯视含笑，笑鼠目寸光、冥顽不灵的众生，往往为了蝇头小利、蜗角之地，征战砍伐，结果呢？多半是两败俱伤，死无葬身之地！

你爱吃亏吗？对于这个问题，我想每个人的回答应该都相同，那就是"不"。日常生活中有很多人、很多时候不爱吃看见的小亏，反而吃了看不见的大亏，正所谓"抓了芝麻，漏了西瓜"。其实，如果想顺利解决这些小事情，办法只有一个，以"吃亏时就糊涂一下"当自己做人的原则，凡事多谦让别人一些，自己吃点小亏，就万事大吉了。

张某与李某是对门的邻居，这天不知哪家的鸡在两家的路正中下了一个蛋。张某有事出门正巧看见了这枚蛋，当他伸手要拾起来的时候，李某正巧也出来了，李某上前一句："我家的鸡下的蛋，凭什么你拿起来？"张某不服气："凭什么说是你家的鸡下的，这是我家的鸡下的。"两个人你一句我一句的争起来，李某见自己的嘴快不过张某，便抬手给了张某一巴掌，张某见自己吃了亏，跑回家拿了剪子来，一气之下捅向了李某的腹部。李某当场死亡，张某被抓进了劳改所，两天后，张某越想越觉得窝

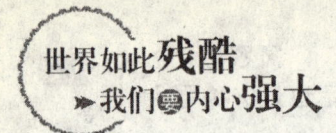

囊,就自寻短见,一命呜呼了。

还有一顾客到菜市场买菜,向菜主讨价还价,菜主不同意,一番争执之后,菜主终于同意优惠一点。可当顾客选好了菜,要付钱时,菜主还是按原价收,顾客见菜主少找给了自己1元2角钱,就一肚子的不满,菜主说:"愿买就买,不买就算。"顾客一听火冒三丈:"我还不买了呢,你怎么着?"说完把菜往地上一扔,准备要走,菜主见状忙追上去让顾客捡起来。顾客硬着就是不捡,菜主一急踩了顾客一脚,顾客不服输,拿起一秤砣就打向菜主的脑部,菜主当场晕倒,被送入医院。顾客本来想占点便宜,不愿吃1元2角钱的小亏,没想到自己却吃了管人家医疗费、医药费,还得照顾病人的大亏。

上面的例子表明了有些人看问题时目光短浅、眼前利益太重,不会装装糊涂。像张某与李某,任何一方肯让一步,吃点小亏的话,也不至于断送两条人命;而顾客不愿吃1元2角钱的小亏,最后却吃了百倍的大亏。

人生在世,即使什么也学不会,也得学会吃亏。只要学会吃亏,你就烦恼不上身,遇事游刃有余,心底坦坦荡荡,吃饭有滋有味。这种神仙般的滋味,是爱占小便宜的人根本体会不到的。

例如,在单位里多干些工作,哪怕工资还不如那些整天闲着的人拿得多也没关系。虽然眼前你付出的要比别人多,从表面上看可能是吃亏了,但是谁工作干得多,谁的能力强,领导心中自然有数。若是将来有一天单位优化组合,想必哪个领导也不会让勤勤恳恳干工作的人下岗,而把那些吃饱了混天黑的人留下来。在竞争激烈的今天,能够保住自己的饭碗,对于养家糊口的你来说,难道不是福吗?

因此,遇事该糊涂时就糊涂一下,吃点亏让一步,不是弱者而是英雄。因为他用糊涂的智慧躲避了身后不可想象的事情发生。

古人常说"过犹不及",是说凡事要讲一个适度。对于功名利禄,凡

宽容忍让，内心的安定也是一种强大

人几乎没有不梦寐以求的，但如果过分热衷，弄不好也会陷入其中而不能自拔，最终毁灭自己。身外之物应当被人奴役，而不应奴役人，这话一说出来，大家都能明白，可是世上的事往往是"不识庐山真面目，只缘身在此山中"。因此，真正聪明之人，对待功名利禄也是"得放手处且放手"，讲究个"吃亏是福"，讲究个装糊涂，不可过分执著。

内心强大的秘密

吃亏是福关键在于心，在于不计较小小得失。生活中，懂得吃亏的人才是真正的智者。对于生活中的争端，吃点亏，最好的做法是"大事化小，小事化了"。

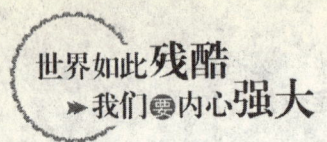

成全别人的好胜心

很多人都有这样的体验：一看到平时高高在上的人的失败、弱点，就解除了对对方的紧张感，就想要接纳对方。

隐"优"暴"缺"，糊涂处世即可成全别人的好胜心，也会让别人更加喜欢你，获得良好的人际关系。这点还是很容易实现的，只要偶尔暴露一些无关紧要的小毛病就行了。

一次，有位记者去采访某个大政治家的丑闻真相，这位大政治家明白记者的来意后，把兴致勃勃准备开始质问的记者拦住："时间多的是，慢慢来好了！"然后一屁股重重地坐下。

由于这种态度，记者的开场白便被抑制住了。

一会儿，咖啡送来了。接着，发生了一些偶发事件。那个政治家看来像是不敢热饮的人，刚喝了一口咖啡便大叫起来："烫死了！"把杯子都打翻了。

收拾告一段落后，谈了不一会儿的话，政治家又把香烟放颠倒了，要在滤嘴上点起火来。

"先生，香烟放反了！"由于记者的提醒，政治家慌慌张张，连烟灰缸

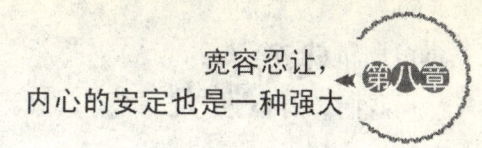

宽容忍让，
内心的安定也是一种强大

也碰倒了。

听说只要大喝一声便能令普通的国会议员打哆嗦的这位大政治家，让记者意外地看见了这些丑态，不知不觉中，记者的挑战情绪消失了，甚至对这位大人物感到亲切不已。

其实，这种作法只能说是这个大政治家要的一个手段，记者只是被假象迷惑了。

人们在看到眼前的威严者的丑态和弱点时，对这个人所抱的紧张感便会消失，相反的还具有接受这人的心理倾向。如果反用这种倾向的话，也可借着故意显露自己的丑态，使对方疏忽，甚至也可能将对方拉拢成为自己人。

为了解除人们的警戒心和紧张感，并拉拢他人到己方来，暴露自己的缺点、弱点，是能发挥相当效果的。

学生对一位新来的老师感到有些好奇和畏惧。因此，这位老师故意在课堂上说："我的字写得不好看，板书更差，小学时我的书法都不及格，因此我特别害怕在黑板上写字。"以此博得学生一笑，为的是很快缩短师生之间的距离。有时，他也会说："如何，我的领带漂亮吗？"学生就会暗暗在心里想："这老师真有趣，竟注意些小事，可见老师也是凡人。"学生的心情一下子放松了，便产生了亲切感，此后这位老师的教学也变得很顺利。

同样的，在人前演讲，在麦克风前打喷嚏，站不稳，故意表演些小失误，就能缓和原来紧张的气氛。听众们对有头衔的大教授都有戒备心，但是看到小的失误后，心里便会想："同样都是人，难免做出些不雅的事。"于是一种亲切感就自然产生了。

与有自卑心理和戒备心的人初次见面时的会谈是很困难的，尤其在社会地位有差距时，对方在居下的位置上会有胆怯感，心理上自然筑起一堵防御墙。首先让对方树立"自己不比别人差"的观念,这一点很重要。

华盛顿特区有一位名演员,他是出名的花花公子,一位曾经被他追求过的女性回忆说:"若是他触动了我的母性本能,我就凡心大动。他往往会说:'我真笨,连衬衫都穿不好。'"这位男演员就是利用母性本能,博得女人欢心的。

人人都有自尊心,人人都有好胜心,若要联络感情,应处处重视对方的自尊心,因为要重视对方的自尊心,必须隐藏你自己的好胜心,成全对方的好胜心,这样表面上对方胜利了,实际上却是你胜了。

比如对方与你有同性质的某种特长,对方与你比赛,你必须让他一步,即使对方的技术敌不过你,你也得让对方获得胜利。但是一味退让,便表现不出你的真实本领,也许会使对方误认你的技术不太高明,反而引起轻视的心理。

所以你与他比赛的时候,应该施展你的相当本领,先造成一个均势之局,使对方知道你不是一个弱者,进一步再施小技,把他逼得很紧,使他神情紧张,知道你是个能手,再一步,故意留个破绽,让他突围而出,从劣势转为均势,从均势转为优势,结果把最后的胜利让于对方。对方得到这个胜利,不但费过许多心力而且危而复安,精神一定十分愉快,对你也有敬佩之心。

不过安排破绽,必须十分自然,千万不要让对方明白这是你故意使他胜利,否则便觉得你虚伪。所面临的难题是,起初你还能以理智自持,比赛到后来,感情一时冲动,好胜心勃发,不肯再作让步,也是常有的事。或者在有意无意之间,无论在神情上,在语气上,在举止上,不免流露出故意让步的意思,那就白费心机了。

时下里流行一句话:"玩深沉。"就是讲究隐匿的智慧。其实存在争执的场合玩点深沉正显示了大度绰约的风姿。争强好胜者未必掌握

宽容忍让，内心的安定也是一种强大

真理，而谦下的人，原本就把出人头地看得很淡，更不消一点小是小非的争论。你若是有理，却表现得谦逊，往往能显示出胸襟之坦荡、修养之深厚。

内心强大的秘密

隐"优"暴"缺"，糊涂处世即可成全别人的好胜心，也会让别人更加喜欢你，获得良好的人际关系。

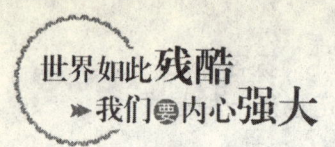

"巧诈"不如"拙诚"

诚实是信用的基础,信用出于诚,不诚则无信,这就是诚信。诚信不仅是社会中每个人所应遵从的最基本的道德规范,而且也是处理好人与人之间关系的准则。诚信待人才能感动他人,而说话不算数,处处欺骗别人,就算是在家门口也寸步难行。

诚实是无价的,是人际关系及商业行为中的至上原则。没有了诚实,人们再也不会相信你,没有了诚实,社会也会抛弃你!诚实是金的格言,是人生永远的绩优股!

"巧诈不如拙诚。""巧诈",是指心怀鬼胎,有目的有意图地故意表现出某些能够吸引人迷惑人的假象,是自以为聪明的奸诈之举。这种做法,乍看起来,机动灵活,善于应变,亦容易抓住别人的心,很有好处。实际上,这种做法只适合与人一次性的交往,即打过一次交道后便各奔东西,互不相遇了。在这种情况下,施巧诈有时能够蒙住对方从而达到自己的目的,获取利益。但如果交朋友施此巧诈之术,则往往会搬起石头砸自己的脚,弄巧成拙。

朋友不像别的关系,朋友之间相处的时间长,而巧诈往往带有欺瞒哄骗之举,经过一段时间就会露出破绽,让人识破。鬼把戏被人戳穿之后,便失去了别人对自己的信赖,朋友们会唾而弃之,最终非但获利不多,反而会损失更大，赔了夫人还要再折兵。

"拙诚"则是指心中不存恶念，诚心诚意地做事，或许有时行为举止略显愚直拙笨，但从不欺瞒别人。这种做法的缺点在于不能当即抓住别人的心，不适宜用于一次性交际活动，但最适合交朋友。

朋友之间毕竟长久相处，拙诚的人貌似愚拙，却因其诚而赢得别人对他的信赖，从长远角度来说，拙诚的眼前利益不大，但长远利益却很可观。

曾有一个名叫谢福慕的人，为人不够诚实。他初到某单位上班时，他担心自己会受"外来户"的待遇。于是在一次聚会时，他给大家讲了一个故事。"大家可能都以为我叫谢福慕，其实，我本不姓谢，而是姓解。在我三岁那年，我们沧县，对，是沧县，我本来是沧县人，我们沧县发了大水、巨大的洪水吞没了村庄，吞没了房屋，还有我可怜的爹娘……"

说到这里谢福慕声音凄切，眼睛里竟也挤出几滴泪来，众人听了又惊又同情，他看看大家接着说："我娘怕我淹死，把我裹好放在一个大木盆里。我便随着大水四处漂流，后来被承德的我现在的父母救起，他们把我养大，给我起了名字"谢福慕"，实为"谢谢浮木"之意。到我长大后，才知道我亲生父母并未过世，他们曾四处找过，登了启示，并与我的养父母取得了联系。实际上，我也应是沧县老乡呢！"

这一番话激起了大家的同情心，特别是沧县的老乡更是纷纷关心他，真正把他当做老乡看待。他的日子顺心如意，暗喜自己这一绝妙的欺骗。但是，好景不长，后来人们都知道了他的话不过是信口捏造的。顿时，对他格外小心，无论他说什么，大家都认真考虑一番，不敢确定是真是假。时间一长，他便难以在单位里干下去，只好调换了单位。

"人无信不立。"诚信，是我们的做人之本，它与狡诈、欺骗、虚伪是天生的冤家对头。因此说交友应以诚信为本。

  诚实是成功的保证。有人认为欺骗、说谎是一种有利的勾当，以为欺骗的手段是很值得使用的。然而，说谎其实是一桩很累人的事。一位哲人说得好："一旦撒了一次谎，就需要有很好的记忆全力把它记住。"这累不累？撒了谎，就要设法"圆谎"，而谎话总是漏洞百出的。为了圆一个小谎，就要说一个更大的谎。谎言就是这样把撒谎者一步步逼上了不归之路。其实很多骗子就是这样从小骗变为大骗、巨骗的，最终落得个触犯法律、身败名裂的下场。著名的宗教改革者马丁·路德一针见血地说："谎言就像雪团，它会越滚越大。"而这无法控制的雪团只会毁掉说谎者。

内心强大的秘密

  诚实的人也许会因为不会说谎，不会耍奸而吃亏，但是吃亏失去的往往是物质的、暂时的利益，而诚实换来的是人们的信任、敬佩，是个人意志的锻炼和道德水平的提高以及人性的完善。

第八章 宽容忍让，内心的安定也是一种强大

要想抬头，必须懂得先要低头

　　风一吹便低俯的草，其实是饱经风霜，通过无数次考验的坚韧的草。人生何尝不是如此。低头弯腰，保护了自己，强硬只能夭折得更快。现实生活中，人都会碰到不尽如人意的事情，需要暂时退却，这时候，你必须面对现实。要知道，敢于碰硬，不失为一种壮举。可是，胳膊拧不过大腿。硬要拿着鸡蛋去与石头碰，只能是无谓的牺牲。这个时候，就需要用另一种方法来迎接生活。这就是适时低头。

　　富兰克林年轻时曾去拜访一位前辈。当他昂首阔步进门的时候，头被门框狠狠地撞了一下，奇痛无比。出门迎接的前辈看着他这副样子，笑笑说："很痛吧！可是，这将是你今天来访问的最大收获。一个人要想平安无事地活在世上，就必须时时刻刻记住低头，这也是我要教你的事情。"
　　这成为富兰克林一生的生活准则之一。

　　年轻人最易犯的毛病就是心高气盛，恃才傲物，总以为自己是鸿鹄，别人都是燕雀，眼光总是高高向上，根本不把周围的一切放在眼里。直到有一天，被眼前的门框撞了头，才发现门框比自己想象的要矮得多。
　　要想进入一扇门，必须让自己的头比门框更矮；要想登上成功的顶峰，就必须低下头弯起腰做好攀登的准备。

那些登上顶峰的人们，总是微微低着头俯视脚下的人群，因为他们站在高处；而他们脚下成千上万的人们，总是高高抬起头向上仰望，因为他们站在低处。

曾有人问大学问家苏格拉底："据说你是天底下最有学问的人，那么我想请教一个问题：请你告诉我，天与地之间的高度到底是多少？"

苏格拉底微笑着答道："三尺！""胡说，我们每个人都有四五尺高，天与地之间的高度只有三尺，那人还不把天给戳出许多窟窿？"苏格拉底仍微笑说："所以，凡是高度超过三尺的人，要能够长久立足于天地之间，就要懂得低头呀！"

民间有句非常贴切的谚语："低头是稻穗，昂头是稗子。"越成熟，越饱满的稻穗，头垂得越低。只有那些穗子里空空如也的稗子，才会如此招摇，始终把头抬得老高。

要想抬头，必须懂得先要低头。如果不懂得低头，就会撞得头破血流，甚至为此而失去性命。

《史记》中记载着这么一个故事：

战国时代的范雎本是魏国人，后来他到了秦国。他向秦昭王献上远交近攻的策略，深为昭王所赏识，于是升他为宰相。但是他所推荐的郑安平与赵国作战失败，这件事使范雎意志消沉。按秦国的法律，只要被推荐的人出了纰漏，推荐人也要受到连坐的处分。但是秦昭王并没有问罪范雎，这使得他心情更加沉重。

有一次，秦昭王叹气道："现在内无良相，外无勇将，秦国的前途实在令人焦虑呀！"

秦昭王的意思原为刺激范雎，要他振作起来再为国家效力。可是范雎心中另有所想，感到十分恐惧，因而误会了秦王的意思。恰好这时有个叫蔡泽的辩士来拜访他，对他说道："四季的变化是周而复始的；春天完成

宽容忍让，内心的安定也是一种强大 第八章

了滋生万物的任务后就让位给夏；夏天结束养育万物的责任后就让位给秋；秋天完成成熟的任务后就让位给冬；冬天把万物收藏起来又让位给春天……这便是四季的循环法则。如今你的地位，在一人之下万人之上，日子一久，恐有不测，应该把它让给别人，才是明哲保身之道。"

范雎听后，大受启发，便立刻引退，并且推荐蔡泽继任宰相。这不仅保全了自己的富贵，而且也表现出他大度无私的精神风貌。

后来，蔡泽就宰相位，为秦国的强大做出了重要贡献。当他听到有人责难他后，也毫不犹豫地舍弃了宰相的宝座而做了范雎第二。可见聪明的智者都不会一味地贪图富贵安逸，在适当的时候，他们都会主动退出舞台，以保全自身。

在生活中历练过的人，都能了解：谦虚与其说是软弱，不如说是尝遍人世辛酸之后一种必然的成熟。那些昂然高论、不以为然的人，对问题，乃至人生的认识有限，因而表现出来的，只是一种无知的强劲，一种似强实弱的强。真正的智慧，属于谦逊的人。

当今社会，变幻莫测，错综复杂。因此在漫长的人生跋涉中，不得不学会低头。但学会低头并不是妄自菲薄与自卑，学会低头意味着谦虚、谨慎。

学会向生活低头，学会融入生活，这是我们每一个人成长的必经之路。在个性化、时尚化、特殊化泛滥的今天，或许很多人会对"向生活低头"嗤之以鼻，以为是陈年旧物。其实，学会向生活低头，就是学会了更好地融入周围的生活圈中，更快地适应生活。深谙"外圆内方"的处世之道，能够更好地同别人打交道，多为别人考虑，少为满足自己的私欲而损害他人，也最容易赢得大家的欢迎。

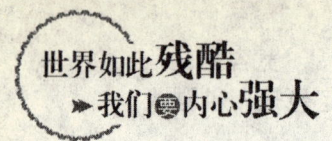

内心强大的秘密

在人生道路上,我们常常因光彩的事物而迷失了方向,以不屈不挠、百折不回的精神坚持到底,结果输掉了自己。所以用平和的心态,学会低头,是最基本的生活常识。